JN017959

改訂版

宇宙一
わかりやすい

高校

生物

生物基礎

船登惟希

Gakken

はじめに

～生物基礎の勉強を
丸暗記から脱却するために～

本書を手に取っていただき，ありがとうございます。

◆生物基礎は暗記科目だと割り切っていませんか？

「物理はニガテだから，暗記すればいい生物を選択した」……そんな人も少なくないはずです。しかし，生物基礎は本来，生物のメカニズムや事象について学ぶ教科。用語をただ暗記するだけではありません。最も大事なのは「何が起きているのか」をイメージできること，そして理解の伴った暗記を行うことです。

◆本書の特長

本書には次のような特長があります。

・物質や器官などをそれぞれの特徴やはたらきにあわせてキャラクター化することで，イメージを定着しやすくし，覚えやすくしています。
・たとえ話で，事象の理解とイメージをしやすくしています。
・計算問題でも実際に何が起きているかを図示しているため，理解しながら計算できます。

◆何が起きているかをイメージできれば難問も解ける！

用語をただ丸暗記したり，解答パターンを覚えたりしているだけでは，少しひねった問題を出題されると手も足も出なくなります。「実際に何が起きているか」を理解するためには，イラストでイメージし，理解することが必須。なので，本書は難関大を志望する人にとっても有用です。高校入学から入試直前まで，あなたの頼れるお供になるはずです。

さぁ，頼れる（？）ハカセとツバメと一緒に「生物基礎」を勉強していきましょう！

本書の特長と使いかた

■ 左が説明，右が図解の使いやすい見開き構成

本書は左ページがたとえ話を多用したわかりやすい解説，右ページがイラストを使った図解となっており，初学者の人も読みやすく勉強しやすい構成になっています。

左ページを読んでから右ページの図解に目を通すもよし，まず右ページをながめてから左ページの解説を読むもよし，ご自身の勉強しやすいように自由にお使いください。

■ 別冊の問題集と章末のチェックで実力がつく！

本冊はところどころに別冊の確認問題への誘導がついています。そこまで読んで得た知識を，実際に自分で使えるかどうかを試してみましょう。確認問題の中には難しい問題もあります。最初は解けなかったとしても，再度挑戦し，すべての問題を解ける力をつけるようにしてください。

章末の「ハカセの宇宙一キビしいチェック」は，その章で学んだ大事なことのチェック事項です。よくわからないところがあれば，該当箇所を読み直してみましょう。

■ 東大生が書いた，受験生に必要なエッセンスが 満載の本格派

本書にはユルいキャラクターが登場し，一見したところ，あまり本格的な参考書には見えないかもしれません。

しかし，受験において重要な要素はしっかりとまとめてあり，他の参考書では教えてくれないような目からウロコの考えかたや解法も掲載されています。

侮るなかれ，東大生が自分の学習法を体現した本格派の「生物基礎」の参考書なのです。

■ 楽しんで生物を勉強してください

上記の通り，実は本格派である「生物基礎」の参考書をなぜこんな体裁にしたのかというと，読者のみなさんに楽しんで勉強をしてもらいたいからです。「勉強はつらく面倒なもの」というのは，たしかにそうなのですが，「少しでも勉強の苦労を軽減させ，みなさんに楽しんでもらえるように」という著者と編集部の想いで本書は作られました。

みなさんがハカセとツバメと一緒に楽しみながら，生物の力をつけていけることを願っております。

Chapter 1　生物の特徴　……………………　15

Chapter 2　エネルギーの利用　………………………　57

Chapter 3 遺伝情報（DNA） …………………………… 81

ナニナニ…？
「ついに『宇宙一わかりやすい』シリーズの生物が出版決定！
この星の生物研究の第一人者である，ハカセ三男が地球の
「生物」を宇宙一わかりやすくまとめるために地球へと向かって
いる。地球の「化学」「物理」に続いて発売されるこの本も売り
切れは必至！ 絶賛予約受付中！！」ですって…！

なんか大事に
なっておるぞ…？！

生物の特徴

Chapter

1

生物の特徴

はじめに

地球には数多くの生物がいます。
フシギが大好きなハカセは，1つ1つの生物について
くわしく調べたい気持ちもありますが，
生物に関するすべてを勉強していたら，一生あっても足りません。
本書のChapter 1 〜 4では，**すべての生物に共通する特徴**について勉強します。

地球上には多種多様な生物が生息していて，見た目も全然違いますが，
実は共通した特徴があるのです。それが，次の4つです。

■ 生物に共通する特徴
　　・細胞からなる　　　　　　（⇒くわしくはChapter 1でやります）
　　・エネルギーを利用する　　（⇒くわしくはChapter 2でやります）
　　・遺伝情報（DNA）をもつ　（⇒くわしくはChapter 3でやります）
　　・環境の変化に対応する　　（⇒くわしくはChapter 4でやります）

Chapter1では，1つめの特徴である「細胞」について，勉強していきますよ。

この章で勉強すること
・細胞に関する歴史
・細胞の種類と構造
・細胞に含まれているものの構造とはたらき
・実験器具の使い方

うおおお！！！
地球の生物は多彩じゃの〜！

あれも！

これも！

これは…一生かかっても
調べきれんかもしれんのう〜

ちょっと
ちょっとハカセ！

困るッス！
死ぬまで帰れないのは
いやッス！

ぬ…

そうじゃのう…確かに
時間は有限じゃ

**生物に共通する
4つの特徴**に絞って
調べていくかのう

ほっ

まずは「細胞」について
勉強していくぞい！

1-1　生物の多様性

ココをおさえよう！

種とは，生物の分類の基本的な単位で，互いに交配し子孫を残すことが可能な集団のことである。

地球上には，現在わかっているだけでも，約190万種もの生物がいます。
未知のものも含めると，数千万種もの生物がいると考えられています。

なぜ，これほど多くの種類の生物が生息しているのかというと，
地球にはさまざまな環境があり，それぞれの環境に適した形態や機能をもつ生物
が存在しているからです（**砂漠・草原・森林・海洋**……）。

補足 種の定義にはいくつか種類があるのですが，本書では「生物の分類の基本的な単位で，
互いに交配し子孫を残すことが可能な集団」とします。

よって，地球上には，似ても似つかない形をした生物がたくさん存在します。
例えば，シジュウカラとイルカなんて，似ても似つかないですよね。

そんな生物にも，実は共通の特徴があるのです。

特徴を調べ，まとめていくと，生物には４つの共通する特徴があることがわかり
ました。本書ではこの４つの特徴について勉強していきます。

■ **生物に共通する４つの特徴**

1. 細胞からなる
2. エネルギーを利用する
3. 遺伝情報（DNA）をもつ
4. 環境の変化に対応する

生物は多種多様だが，共通の特徴がある

地球上に存在する生物は約190万種

サソリ　ウマ　シジュウカラ　イルカ

未知のものも含めると，数千万種いるといわれておるぞい

ボクに似てる生物がいるッス

生物はそれぞれのすむ環境に適する形態をしている

砂漠　草原　森林　海洋

だから，多くの生物が似ても似つかないのは当たり前

鳥とイルカではイルカのほうが頭がよいと言われとるんじゃ

地球の鳥も優等生ではないんッスね……

しかし，生物には共通する特徴が4つある

1. 細胞からなる　2. エネルギーを利用する
3. 遺伝情報（DNA）をもつ　4. 環境の変化に対応する

みんな同じなんだから調子に乗るんじゃないッス

1-2 生物の共通性 ～共通性の由来～

ココをおさえよう！

生物に共通の特徴があるのは，共通の祖先から進化したから。
生物の進化に基づく類縁関係を表した図を系統樹という。

「生物は多種多様なのに，共通の特徴がある」
この事実をどう説明したらよいのでしょうか？

どうやら，**「共通の祖先から進化したから，共通した特徴をもっている」**と考えると，うまく説明できそうです。

顔は似てないけど声だけは似ている，なんていう兄弟をたまに見かけます。
「多種多様だけど，共通の特徴がある」というのは，こういうイメージです。

他にも，魚類・両生類・は虫類・鳥類・ほ乳類を比べると，似ても似つかない見た目をしていますが，**「脊椎(背骨)をもつ」**という共通の特徴があります。これは**「脊椎をもつ共通の祖先から進化したから」**なのです。

生物が進化してきた経路に基づく，種や集団の類縁関係を**系統**といいます。
そして，系統を絵としてまとめたものは樹木に似た形になるので，**系統樹**といいます。

系統樹は従来，生物の形態などを手がかりとして作られていましたが，
現在は科学の進歩によって，遺伝情報を手がかりとして作られています。

生物は，近縁な種であるほど，遺伝情報はよく似ています。
逆に，早い段階で共通の祖先から分岐した生物間では，遺伝情報にも大きな差が出てきます。
このような生物間の遺伝情報の差の大きさを比較して作られた系統樹を「分子系統樹」といいます。

> 生物は多種多様なのに，共通の特徴がある

↓

共通の祖先から進化したから，共通した特徴をもつ

1

例

魚類・両生類・は虫類・鳥類・ほ乳類は見た目は似てないが，**脊椎**をもつという共通の特徴がある。

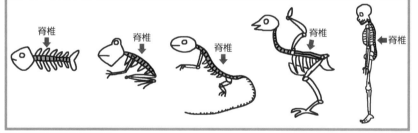

系統樹

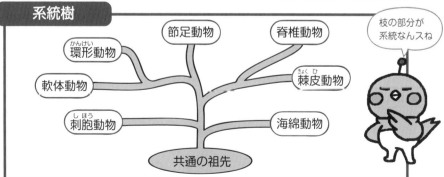

分子系統樹

遺伝情報を手がかりに作られた系統樹。

1-3　細胞の発見と細胞説

ココをおさえよう！

細胞は生物の基本単位。
「すべての生物は細胞からできている」という説を細胞説という。

Chapter 1の主要なテーマの1つである「**細胞**」について，見ていきましょう。

・細胞は生物の基本単位。細胞は分裂して増える

ブロックで作ったアヒルは，ブロックという基本単位を組み合わせることででき
ています。また，ブロックにはさまざまな種類がありますが，どれも凹凸がある
など，共通した構造をしています。

同じように，すべての生物は，**細胞という基本単位**からなります。
そして，細胞にはさまざまな種類がありますが，細胞質の最外層に細胞膜があるな
ど，共通した構造をしています（細胞の構造については，p.26〜29で説明しますね）。

また，細胞は**細胞分裂**（**体細胞分裂**）によって増殖をします。私たちの体内では常
に新しい細胞ができているのです。細胞分裂ではもとの細胞と同じ細胞が複製さ
れます。細胞分裂（体細胞分裂）についてはp.116〜123でくわしくお話ししますね。

・細胞の発見

細胞は，ロバート・フックによって発見されました。
ロバート・フックは，顕微鏡を用いてさまざまなものを観察し，1665年に，『ミ
クログラフィア』として成果をまとめ，出版しました。
その中で彼は，コルクを薄く切り取ったものを観察しており，コルクには，蜂の
巣のように小さく区切られた小部屋（cell）があることを発見しました。
これが，細胞（cell）の発見とされています。

> **補足**　実際は，このときロバート・フックが見たのは，細胞そのものではなく，死んだコル
> クの細胞壁でした。

細胞が発見されると，「**すべての生物は細胞からできているのではないか**」という
人が出てきました。これを**細胞説**といいます。
1838年には，シュライデンが「すべての植物は細胞からできている」と，
1839年には，シュワンが「すべての動物は細胞からできている」と唱えました。

細胞は生物の基本単位

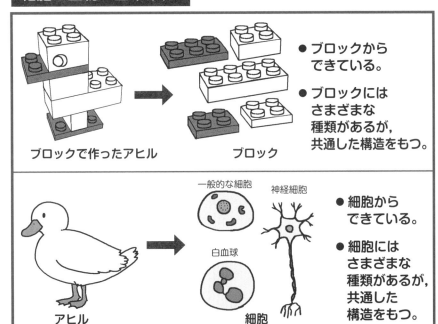

ブロックで作ったアヒル　　ブロック

- ブロックからできている。
- ブロックにはさまざまな種類があるが，共通した構造をもつ。

アヒル

一般的な細胞　　神経細胞
白血球
細胞

- 細胞からできている。
- 細胞にはさまざまな種類があるが，共通した構造をもつ。

細胞の発見の歴史

細胞の発見（ロバート・フック 1665 年）

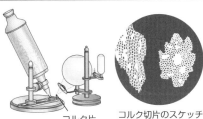

コルク片
フックの顕微鏡
コルク切片のスケッチ

cell と名付けよう

細胞説の登場

植物の細胞説（シュライデン 1838 年）

すべての植物は細胞からなる

動物の細胞説（シュワン 1839 年）

すべての動物は細胞からなる

1-4　発展 ウイルス

ココをおさえよう！

ウイルスは生物でも無生物でもない。

生物なのか無生物なのか，明確に分類できないものも，地球上にはいます。
それが，**ウイルス**です。インフルエンザやコロナ，エイズなどの病気を引き起こす，あのいまいましいヤツのことです。
ウイルスは，生物の細胞内に侵入すると，その細胞の中で急激に増殖し，細胞から外に出ます。
外に出たウイルスは，他の細胞に侵入し，増殖を繰り返すことで，ウイルスはどんどん生物内で広がっていくのです。

生物の4つの共通点と，ウイルスの特徴を照らし合わせてみましょう。

1．細胞からなる？

細胞という構造はもっていません。核酸という遺伝物質を，タンパク質の殻で包んだような構造をしています。

2．エネルギーを利用する？

栄養分の取り込みや不要物の排出などは行わず，エネルギーの出入りはありません。

3．遺伝情報をもつ？

遺伝情報はもっていますが，細胞のように自ら分裂して増えることはできません。他の生物の細胞内に侵入し，細胞内にある物質を利用します。そして，ウイルスの遺伝物質を複製し，増殖します。

 補足　ウイルスの遺伝情報はDNAだったりRNAだったりします（→p.89，98）。

4．環境の変化に対応する？

対応しません。

以上のように，遺伝情報はもっていますが，それ以外の特徴はもっていないため，生物とも無生物ともいえない存在なのです。

1

ウイルスは生物でも無生物でもない！

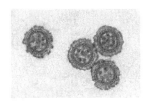

これがインフルエンザ
ウイルスの写真じゃ

インフルエンザ
怖いッス

生物の４つの特徴と照らし合わせてみると…。

Q.1 細胞からなる？

A いいえ。核酸をタンパク質で包んだ構造です。

タンパク質

核酸

Q.2 エネルギーを利用する？

A いいえ。エネルギーの出入りはありません。

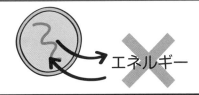

エネルギー

Q.3 遺伝情報をもつ？

A はい。ただし，他の細胞を利用して増殖します。

大腸菌など

Q.4 環境の変化に対応する？

A いいえ。対応しません。

し〜ん

ここまでやったら

別冊 p.1へ

1-5　細胞の構造①　〜原核細胞〜

ココをおさえよう！

原核細胞は核をもたないが，細胞壁はもっている。

ハカセとツバメが，顕微鏡を用いて，さまざまな生物の細胞を観察してみました。
すると，細胞は大きく分けて2種類あることがわかりました。

それが，**原核細胞**と**真核細胞**です。

まずは，原核細胞について。

・原核細胞の特徴は，核がない＆細胞壁がある

原核細胞の構造は，次のような構造になっています。

① 　むき出しのDNA←**核がないのは大事なポイント！**（真核細胞には核がある）
② 　細胞質基質
③ 　細胞膜
④ 　細胞壁　←**細胞壁をもつのは大事なポイント！**

※その他，**べん毛**や**繊毛**をもつ原核細胞もあります。

・原核生物

原核細胞からなる生物を，**原核生物**といいます。
大腸菌や**シアノバクテリア**などの**細菌類**が代表例です。

● 原核細胞…核がない&細胞壁がある

① むき出しの DNA（核がない）

② 細胞質基質

③ 細胞膜

④ 細胞壁

繊毛

べん毛

● 原核生物…原核細胞からなる生物

例 大腸菌・シアノバクテリアなどの細菌類

1-6　細胞の構造②　〜真核細胞〜

ココをおさえよう！

真核細胞には核がある。
核のほか，ミトコンドリアなどの構造体もある。

続いて，真核細胞について観察してみましょう。

・真核細胞の大きな特徴は，核があること

真核細胞が原核細胞と大きく違うところは，核をもっていることです。
核の中には，遺伝情報の本体である**DNA**が入っています。

・核と細胞質

真核細胞は，核と核以外の部分からできています。核以外の部分のことを**細胞質**
といいます。

細胞質のいちばん外側には細胞膜があり，細胞の内部と外部を仕切っています。
細胞内には，**細胞小器官**（核やミトコンドリア・葉緑体や液胞など）があります。

・真核生物

真核細胞からなる生物を**真核生物**と呼びます。
動物や植物は真核生物です。

原核細胞と真核細胞（動物・植物）を比較したものを右ページに載せておきました。
確認に使ってみてください。

● 真核細胞…核がある

核やミトコンドリア，葉緑体などを細胞小器官というんス

| 細胞小器官 |

さまざまな器官があるぞい

真核細胞 ─┬─ 核
　　　　　└─ 細胞質 ─┬─ ミトコンドリア，<u>葉緑体</u>（※動物にはない），<u>液胞</u>（※主に植物で発達）
　　　　　　　　　　　└─ 細胞膜
　（※植物細胞には<u>細胞壁</u>がある）

● 真核細胞は，動物と植物で違う

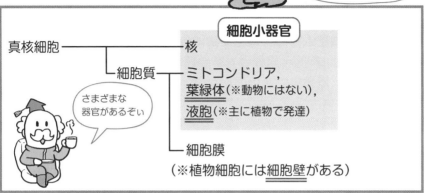

動物細胞	植物細胞

動物細胞：ミトコンドリア，細胞膜，核，細胞質基質

植物細胞：細胞壁，ミトコンドリア，細胞膜，核，葉緑体，液胞，細胞質基質

● 真核生物…真核細胞からなる生物

〈原核細胞と真核細胞（動物・植物）の比較〉

まとめたから確認するんじゃぞ

構造体	原核細胞	真核細胞	
		動物	植物
DNA	○	○	○
細胞膜	○	○	○
細胞壁	○	×	○
核	×	○	○
ミトコンドリア	×	○	○
葉緑体	×	×	○

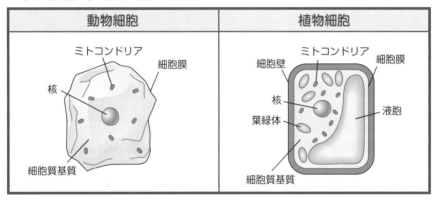

ここまでやったら
別冊 P.4 へ

1-7　単細胞生物と多細胞生物

> **ココ**をおさえよう！
>
> 生物は，単細胞生物と多細胞生物に分けられる。
> 多細胞生物は，細胞⇒組織⇒器官⇒個体といった階層構造をもつ。
> 単細胞生物＝原核生物とは限らない。

生物は細胞によって作られていますが，個体を構成する細胞の数は，生物によってさまざまです。

・単細胞生物

1つの細胞からなる生物を，**単細胞生物**といいます。ゾウリムシ・大腸菌・酵母などがいます。

単細胞生物は，1つの細胞でいろんな役割をしなくてはいけません。

そのために，ゾウリムシには，水分を排出する**収縮胞**，食べ物を消化する**食胞**など，1つの細胞内に特殊な構造がいろいろと発達しています。

・多細胞生物

動物や植物のように多数の細胞からなる生物を，**多細胞生物**といいます。

多細胞生物は，細胞ごとに役割をもち，分業しています。

似たようなはたらきをもつ細胞どうしが集まって**組織**となり，組織が集まって**器官**となっています。そして，器官が統合して**個体**が作られているのです。

・単細胞生物と原核生物は同じ？

p.26 ～ 29でお話しした原核生物・真核生物という分類と，単細胞生物・多細胞生物という分類との関係性はどうなっているのでしょうか？

気をつけるべき点は，"単細胞生物＝原核生物"とは限らないということです。

大腸菌（細菌類）と酵母（菌類）はともに単細胞生物ですが，大腸菌は原核生物で，酵母は真核生物です。**真核生物には，多細胞生物だけでなく酵母のような単細胞生物もいるのです**（一方，原核生物はすべて単細胞生物です）。

ちなみに，**微生物**という言葉は，単細胞生物でも多細胞生物でも，肉眼では観察できない小さな生物の便宜的な総称です。

● **単細胞生物**…1つの細胞からなる生物。
（ゾウリムシ・大腸菌・酵母など）**1つの細胞でさまざまな役割をする必要がある。**

例 ゾウリムシ

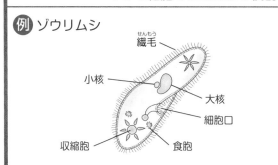

> 1つの細胞で
> 大変ッスね

● **多細胞生物**…多数の細胞からなる生物。
（多くの動物・植物）**細胞ごとに役割をもち，分業する。**

> 原核生物はすべて単細胞生物,
> 真核生物には単細胞生物と
> 多細胞生物がおるぞい

例 （植物）
表皮細胞 ➡ 表皮 ➡ 葉
道管細胞 ➡ 木部 ➡ 茎 ➡ 植物

例 （動物）
筋細胞 ➡ 心筋 ➡ 心臓
上皮細胞 ➡ 上皮 ➡ 小腸 ➡ 動物

● **原核生物**…単細胞生物
例 大腸菌

● **真核生物**┬**単細胞生物**
　　　　　　例 ゾウリムシ
　　　　　　　　酵母
　　　　　　└**多細胞生物**
　　　　　　例 ヒト, ネコ

ここまでやったら

別冊 p.5へ

1-8　細胞小器官①　～核～

ココをおさえよう！

核は遺伝情報を保持している細胞小器官。
酢酸カーミンまたは酢酸オルセインで赤く染めて観察する。

光学顕微鏡で観察ができる主な細胞小器官を，それぞれ見ていきましょう。

■ 光学顕微鏡で観察できる主な細胞小器官
・核
・葉緑体
・ミトコンドリア
・液胞

まずは，**核**から観察してみましょう。

・核のはたらき
核は，**細胞の形態やはたらきに関する情報（遺伝情報）を保持**しています。

・核の構造
核は球形の構造をしており，最外層には**核膜**があります。
内部には**染色体**があります。染色体は**DNA**と**タンパク質**からなります（DNAについては，Chapter 3 でくわしく学びます）。

 核の中には核小体という構造体があります。また，核膜には核膜孔という穴があいています。

・核の観察
核は，そのままでは透明で観察できないのですが，**酢酸カーミン**や**酢酸オルセイン**という染色液を用いると染色体が赤色に染色され，観察することができます。

・その他の特徴
細胞分裂の際に，核は分裂します（**核分裂**）。

光学顕微鏡で観察できる主な細胞小器官

核　　　葉緑体　　　ミトコンドリア　　　液胞

核は遺伝情報が記録された DNA
というビデオテープのような
ものをもっているッス

葉っぱのしっぽが
ついているのは
植物細胞に特有の
ものじゃよ

1 核

核のはたらき …細胞の形態やはたらきに関する情報を保持。

核の構造 …球形。いちばん外側には核膜がある。
内部には染色体が含まれている。

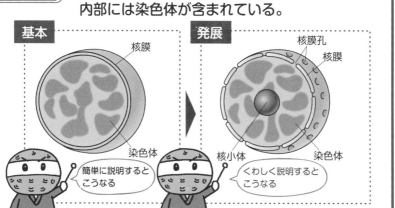

基本

核膜

染色体

簡単に説明すると
こうなる

発展

核膜孔
核膜

核小体　　　染色体

くわしく説明すると
こうなる

核の観察 …酢酸カーミンや酢酸オルセインで赤色に染色して観察。

私は普段，透明なので……

染色して観察してくれ！

1-9　細胞小器官②　～葉緑体～

ココをおさえよう！

葉緑体は光合成を行う細胞小器官。

続いて，**葉緑体**を観察してみましょう。
葉緑体は**植物細胞に存在する**細胞小器官です。

・葉緑体のはたらき

光合成を行います。
光合成とは，**二酸化炭素と水と光エネルギーを使って，有機物と酸素を作る過程**
のことをいいます。

・葉緑体の構造

粒状の構造をしています。

 葉緑体は，二重の膜でできています。また，葉緑体の内部には，チラコイドという平
べったい袋状の構造があります。そのチラコイドには，クロロフィルなどの光合成色
素が含まれています。

・その他の特徴

葉緑体もDNAをもち，核とは別に独自に分裂します。
核は細胞分裂の際に分裂しますが，葉緑体の分裂は細胞分裂とは別に独自に行わ
れるのです。

2 葉緑体

葉緑体のはたらき …光エネルギーを用いて有機物と酸素を作る（光合成）。

葉緑体の構造 …粒状の構造。

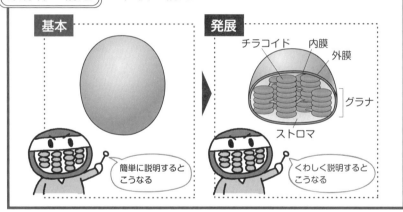

その他の特徴 …核の DNA とは異なる独自の DNA をもつ。

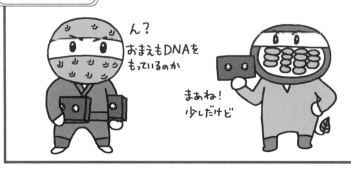

1-10　細胞小器官③　～ミトコンドリア～

ココをおさえよう！

ミトコンドリアは呼吸を行う細胞小器官。

続いて，**ミトコンドリア**を観察してみましょう。
ミトコンドリアは，**植物細胞にも動物細胞にも存在する**細胞小器官です。

・ミトコンドリアのはたらき
ミトコンドリアは，酸素を消費して，有機物からエネルギーを取り出すはたらき（**呼吸**）が行われる場です。
ほぼすべての真核細胞に存在します。

葉緑体は**エネルギー→有機物**
ミトコンドリアは**有機物→エネルギー**と
逆のことをしているのですね。

・ミトコンドリアの構造
棒状または粒状の細胞小器官です。

 ミトコンドリアは，二重の膜でできています。また，ミトコンドリアはヤヌスグリーンで染色すると，観察することができます。

・その他の特徴
ミトコンドリアも，葉緑体と同じく，**DNAをもち，核とは別に独自に分裂します。**
ミトコンドリアの分裂も，細胞分裂とは別に独自に行われるのです。

3 ミトコンドリア

ミトコンドリアのはたらき

…有機物からエネルギーを
取り出す（呼吸）。

有機物　バク バク　酸素
エネルギー

ミトコンドリアの構造 …棒状または粒状の構造。

基本	発展

簡単に説明すると
こうなる

外膜
内膜
マトリックス

くわしく説明すると
こうなる

発展 ミトコンドリアの観察 …ヤヌスグリーンで青緑色に染色して観察。

私は普段，透明なので……

染色して観察してくれ！

その他の特徴 … 核の DNA とは異なる独自の DNA をもつ。

おまえも
もっておったか

少し
だけどね

1-11　細胞小器官④　〜液胞〜

ココをおさえよう！

液胞は，細胞内の水分・物質の濃度調節，老廃物の貯蔵を行う細胞小器官。
細胞が成長するにつれて，細胞の体積に占める液胞の割合が大きくなっていく。

続いて，**液胞**を観察してみましょう。
液胞は，**主に成長した植物細胞で発達**した細胞小器官です。

 動物細胞や若い植物細胞にも存在しますが，小さくて目立ちません。

・液胞のはたらき
細胞内の水分・物質の濃度調節，老廃物の貯蔵を行っています。

・液胞の構造
液胞内は細胞液と呼ばれる液体で満たされており，アミノ酸・炭水化物・無機塩類が含まれています。植物細胞では，アントシアンと呼ばれる色素が含まれていることもあります。
花弁が赤色や紫色に見えるのはそのためです。

・その他の特徴
細胞が成長するにつれて，**細胞の体積に占める液胞の割合が大きくなっていきます**。

4 液胞

液胞のはたらき…細胞内の水分・物質の濃度調節，老廃物の貯蔵。

水分

老廃物

物質

1

液胞の構造…細胞液と呼ばれる液体で満たされている。

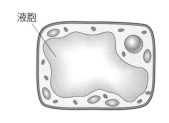

液胞

植物細胞の液胞には
アントシアンなどの色素が
含まれる場合もあるぞい

その他の特徴…細胞の成長につれ，体積に占める液胞の割合が
大きくなる。

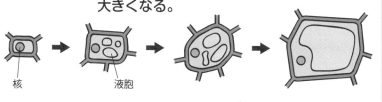

核

液胞

と…いうわけです

せ…せまい

1-12　細胞壁

ココをおさえよう！

細胞壁は，細胞の形態を支え，保護する役割をもつ。
動物細胞にはない。

これまでは，細胞小器官（細胞膜の内部に存在する構造体）についてご紹介してきましたが，最後に，**細胞壁**（細胞膜の外部に存在する構造体）について観察しましょう。

細胞壁は，植物や菌類・細菌類などの細胞のいちばん外側にあります。
動物細胞には細胞壁がないので，**植物細胞と動物細胞を識別する1つの手がかり**になりますね。

・細胞壁のはたらき

細胞壁には，**細胞の形態を支え，保護する役割**があります。骨格をもたない植物が地上高く成長できるのは，細胞壁によって強度が高まるからなのです。

水の入ったビニール袋は，ぐにゃりとへたってしまいますが，
もしこのビニール袋を段ボールの箱に入れたら，きちんと立ちますね。
この段ボールの役割をしているのが，細胞壁なのです。

以上で，光学顕微鏡で観察することができる主な細胞小器官や構造体の紹介は終わりです。

細胞壁 …植物・菌類・細菌類などの細胞の
いちばん外側にある。

細胞壁は，植物細胞と
動物細胞を区別する
手がかりになるッス

細胞壁のはたらき …細胞の形態を支え，保護する。

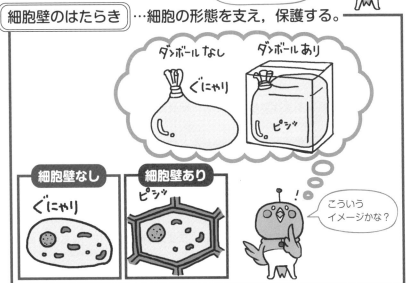

ダンボールなし　ダンボールあり

ぐにゃり　ピシッ

細胞壁なし　細胞壁あり

ぐにゃり　ピシッ

！

こういう
イメージかな？

ありがとう
な〜

バイバイ〜

バイバーイ！

ここまでやったら

別冊 P.6 へ

1-13　補足 顕微鏡の発達

> **ココ**をおさえよう！
>
> 区別できる２つの点の幅を，分解能という。
> 光学顕微鏡の分解能は0.2 µm，電子顕微鏡の分解能は0.2 nm。

ロバート・フックが細胞を発見できたのも，小さな細胞が観察できる**顕微鏡**が発明されたからです。また，顕微鏡の性能が向上することで，私たちはより小さなものを観察できるようになりました。

そんな生物学の発展に多大な貢献をしてきた顕微鏡に焦点を当ててみましょう。

・顕微鏡の性能が向上するとは，分解能が高くなること
顕微鏡の性能は，**区別できる２点の最小の幅**で表されます。これを**分解能**と呼びます。

例えば，１mmの幅をあけて２つの点が描かれていたとき，
分解能の低い顕微鏡は，１点に見えてしまいます。つまり，小さなものを観察することができません。

一方，分解能の高い顕微鏡は，２点を区別して見ることができます。つまり，小さなものを観察することができます。

・光学顕微鏡の分解能は0.2 µm
皆さんが実験室で使っている**光学顕微鏡**は，分解能が0.2 µm（１mmの1000分の２）です。これは，0.2 µmまで近づいた２点を識別できるということを表しています。

・電子顕微鏡の分解能は0.2 nm
さらに分解能の高い顕微鏡に，**電子顕微鏡**があります。電子顕微鏡は，光の代わりに電子線を用いる顕微鏡で，分解能は0.2 nmです。光学顕微鏡より，さらに1000分の１も細かいものを観察できるということですね。驚異的です。

補足 ヒトの肉眼の分解能は0.1 mmくらいです。
$1 mm = \dfrac{1}{1000} m$，$1 µm = \dfrac{1}{1000} mm$，$1 nm = \dfrac{1}{1000} µm$

細胞の発見の裏に，顕微鏡の発明あり！

↓

顕微鏡について勉強しよう

| 顕微鏡の性能が向上 | = 分解能が高くなる。 |

（より近い2点が区別できるようになる）

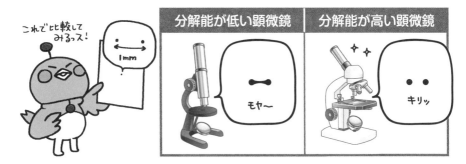

光学顕微鏡

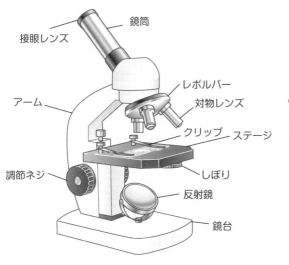

ここまでやったら
別冊 P.3へ

1-14　補足 光学顕微鏡の使い方

ココをおさえよう！

光学顕微鏡で観察する際の主な注意点は，
① 「接眼レンズ⇒対物レンズ」の順に取り付ける。
② 対物レンズをプレパラートから遠ざけるようにピントを合わせる。

ハカセは細胞を観察するために，
どのようにして光学顕微鏡を操作していたのでしょうか？
光学顕微鏡の取り扱い方法について，くわしく見てみましょう。
（各部の名前は，p.43を参照してくださいね）

1）顕微鏡の取り扱い方（正しい方法：ハカセ，間違った方法：ツバメ）

ａ．顕微鏡のもち運び
片手でアームを握り，もう片方の手は軽く鏡台に添えましょう。

（※アーム以外をもつと，破損の原因となります。）

ｂ．鏡台を置く場所
直射日光の当たらない明るいところで，水平な机の上に置きましょう。

※直射日光の当たるところでは，直射日光が目に入って大変危険です。
※水平でないところに置くと，正しく観察できません。また，顕微鏡が落下したりして
　危険です。

ｃ．レンズの取り付け
先に接眼レンズをはめ，続いて対物レンズを取り付けます。

接眼レンズは，その名の通り，目に接するほうのレンズで，
対物レンズは，その名の通り，観察したい物に近いレンズです。

※対物レンズを先に取り付けると，ゴミやほこりが入ってしまい，観察のジャマになっ
　てしまいます。

1）光学顕微鏡の取り扱い方

a. 顕微鏡のもち運び

| 片手でアームを握り，もう片方の手は軽く鏡台に添える。 | ※アーム以外をもつと破損の原因に！ |

b. 鏡台を置く場所

| 直射日光の当たらない明るいところで，水平な机の上に置く。 | ※直射日光の当たるところでは，直射日光が目に入って危険！
※水平でないところでは，正しく観察できない。顕微鏡が落下する危険性も！ |

c. レンズの取り付け

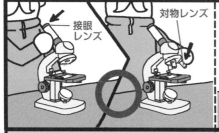 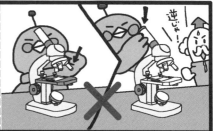

| 先に接眼レンズをはめ，続いて対物レンズを取り付ける。 | ※対物レンズを先に取り付けると，ゴミやほこりが入ってしまい，観察のジャマに！ |

2）顕微鏡の調節

①レボルバーを回し，対物レンズを最低倍率にセットします。

（※低倍率のほうが，観察できる範囲が広く，観察する対象が視野に入りやすいからです。）

②しぼりが開いていることを確認します。

> ※しぼりは，光量を調節するものです。
> 　しぼりを開くと視野が明るくなり，しぼりを絞ると暗くなります。
> 　特に，高倍率にすると視野が暗くなりますので，しぼりを開くとよいでしょう。

③接眼レンズをのぞき，反射鏡を動かして明るくなるように調節します。
　反射鏡には，平面鏡と凹面鏡があります。

> ※低倍率のときは少ない光でも明るいため平面鏡を，
> 　高倍率のときは暗くなるため，多くの光を集める凹面鏡を使いましょう。

④プレパラートをステージにセットし，観察したい部分が中央にくるようにクリップでとめます。

> ※プレパラートとは，スライドガラスの上に試料を置き，そこにカバーガラスをかけたものです。

2) 顕微鏡の調節

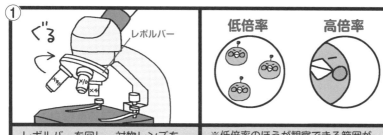

① レボルバーを回し，対物レンズを最低倍率にセットする。

※低倍率のほうが観察できる範囲が広いので，観察対象が視野に入りやすい！

② しぼりが開いていることを確認する。

※しぼりを開くと視野が明るくなり，しぼりを絞ると暗くなる！

③ 接眼レンズをのぞき，反射鏡を動かして明るくなるよう調節する。

※低倍率のときは平面鏡，高倍率のときは凹面鏡を使う！

④ プレパラートをステージにセットし，観察したい部分が中央にくるようクリップでとめる。

※スライドガラスの上に試料を置き，カバーガラスをかけたものがプレパラート！

⑤ピントを合わせましょう。

　横から見ながら調節ネジを回し，ステージを動かしてプレパラートを対物レンズの先端に近づけます。

（※近づけすぎてプレパラートとレンズが接触しないよう慎重に操作しましょう。）

⑥接眼レンズをのぞきながら，プレパラートを対物レンズから遠ざけるように調節ネジを回し，ピントを合わせます。

（※プレパラートを対物レンズに近づけるようにしてピントを合わせると，プレパラートが対物レンズに接触し，プレパラートが破損したり，対物レンズに傷がついたりしてしまいます。）

⑦観察したいものを視野の中央にもってきましょう。

（※観察したいものは，プレパラートを移動させた方向とは逆方向に動きます。例えば，観察物を左下に移動させたいときは，プレパラートを右上に移動させます。）

⑤

ピントを合わせるため，まずは横から見ながら調節ネジを回し，プレパラートを対物レンズの先端に近づける。

※近づけすぎて，プレパラートとレンズが接触しないように！

⑥

接眼レンズをのぞきながら，プレパラートを対物レンズから遠ざけるように調節ネジを回し，ピントを合わせる。

※プレパラートが近づくように調節ネジを回してピントを合わせようとすると，プレパラートと対物レンズが接触して破損してしまうおそれがある！

⑦

観察したいものを視野の中央にもってくる。

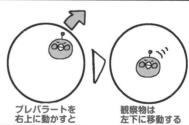

※観察したいものは，移動させた方向とは逆方向に動く！

• •

⑧もっと拡大して観察したいときは，レボルバーを回して高倍率の対物レンズに
　変え，ピントを調節します。

※高倍率にすると，視野が暗くなります。そのときは，しぼりを開いて明るくしましょう。
　または，反射鏡を凹面鏡に変えましょう。

※高倍率にすると，見える範囲は小さくなり，焦点深度が浅くなります。つまり，ピン
　トの合う範囲が狭くなるのです。そのため，調節ネジをちょっと動かしただけで，ピ
　ントがずれてしまうので慎重に調節しましょう。

⑨観察するときは，両目を開けて行いましょう。片方の目で接眼レンズをのぞき，
　他方の目はスケッチに使います。

※スケッチは必要な部分だけ線と点で描きましょう。斜線や塗りつぶしなどによって影
　をつけてはいけません。

 視野にゴミがあった場合，それは「接眼レンズ」，「対物レンズ」，「プレパラート」の
どこかにあるはずです。どこにゴミがあるかを調べるためにはゴミの動きに注目しま
す。

　・接眼レンズを回したとき，ゴミも回ったら…　　➡接眼レンズにゴミがある。
　・レボルバーを回したとき，ゴミが消えたら…　　➡対物レンズにゴミがある。
　・プレパラートを動かしたとき，ゴミも動いたら…➡プレパラートにゴミがある。

⑧

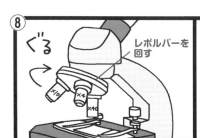

ぐるレボルバーを回す

暗いと思ったら…

しぼりを開く

または凹面鏡に

焦点深度が浅くなる

調整ネジを少し回すだけでズレてしまう

もっと拡大して観察したいときは,レボルバーを回して高倍率の対物レンズに変え,ピントを調節する。

※高倍率にすると視野が暗くなるので,しぼりを開いたり,反射鏡を凹面鏡に変えたりして調節する。
※高倍率にすると焦点深度が浅くなる。調節ネジをちょっと動かしただけでピントがズレてしまうので慎重に！

⑨

スケッチ

リアルに塗るっス！

コラせんでいい！

観察するときは,両目を開けて行う。片方の目で接眼レンズをのぞき,もう片方の目でスケッチする。

※スケッチは必要な部分だけを点と線で描く。斜線や塗りつぶしなどで影をつけてはダメ！

補足 視野にゴミがあった場合,そのゴミはどこにあるのだろう？

くるゴミ…？ゴミも回る

接眼レンズを回したとき,ゴミも回ったら…
➡接眼レンズにゴミがある！

カチゴミは消える

レボルバーを回したとき,ゴミが消えたら…
➡対物レンズにゴミがある！

ぐいゴミも動く

プレパラートを動かしたとき,ゴミも動いたら…
➡プレパラートにゴミがある！

ここまでやったら
別冊 p.**7**へ

1-15 　補足 ミクロメーターの使い方

> **ココをおさえよう！**
>
> 接眼ミクロメーター 1 目盛りの長さ（μm）＝
> $$\frac{\text{対物ミクロメーターの目盛り数}}{\text{接眼ミクロメーターの目盛り数}} \times 10\,\mu m$$

光学顕微鏡で観察をしながら，観察物の大きさを測りたい，
または，移動する観察物の移動距離を測りたいという場合があります。
そんなときに使うのが，**ミクロメーター**です。

・ミクロメーターは 2 種類ある

ミクロメーターには，接眼レンズ側に設置する接眼ミクロメーターと，
ステージにセットする対物ミクロメーターの 2 種類があります。
対物ミクロメーターは，接眼ミクロメーター 1 目盛りの長さを調べるためのもの
です。
実際の測定では接眼ミクロメーターのみを使います。

・まずは接眼ミクロメーター 1 目盛りの長さを求める必要がある（対物レンズの 倍率ごとに！）

接眼ミクロメーターは，接眼レンズや対物レンズより手前に設置するので，**接眼
ミクロメーターの目盛りの見た目（間隔）は，常に変わりません。**
しかし，レボルバーを回して対物レンズの倍率が変わると，見た目（間隔）が同じ
でも，**接眼ミクロメーター 1 目盛りの表す大きさが変わってしまいます。**

ここで，対物ミクロメーターの出番です。
対物ミクロメーターをステージにのせることで，それぞれの対物レンズについて，
接眼ミクロメーター 1 目盛りが表す大きさを特定することができます。
対物ミクロメーター 1 目盛りの大きさは 10 μm と決まっているので，それを基準
にしますよ。

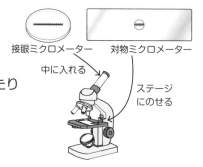

ミクロメーター

光学顕微鏡で観察しながら,
観察物の大きさを測ったり,
動く観察物の移動距離を測ったり
するときに使うもの。
接眼ミクロメーターと
対物ミクロメーターがある。

接眼ミクロメーター   対物ミクロメーター
中に入れる
ステージ
にのせる

・接眼ミクロメーターと対物ミクロメーターの役割

【接眼ミクロメーター＝"見た目が不変の目盛り"】

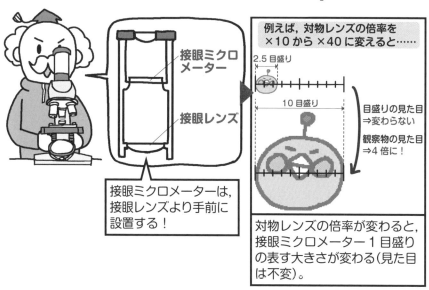

接眼ミクロ
メーター

接眼レンズ

接眼ミクロメーターは,
接眼レンズより手前に
設置する！

例えば, 対物レンズの倍率を
×10 から ×40 に変えると……

2.5 目盛り

10 目盛り

目盛りの見た目
⇒変わらない

観察物の見た目
⇒4 倍に！

対物レンズの倍率が変わると,
接眼ミクロメーター 1 目盛り
の表す大きさが変わる（見た目
は不変）。

【対物ミクロメーター＝"長さの基準"】

観察する前に, 対物ミクロメーター 1 目盛りの大きさ 10 μm を基準にし
て, 対物レンズごとに, 接眼ミクロメーター 1 目盛りの長さがいくつに
なるか調べる。

・・

・接眼ミクロメーター 1 目盛りの長さの求め方（計算方法）

では，接眼ミクロメーター 1 目盛りの表す長さを求めてみましょう。

接眼ミクロメーターと対物ミクロメーターの両方をセットすると，
右ページのように，2 種類の目盛りが現れました。
両方の目盛りが重なるところを 2 カ所探しましょう（そろえるのが大事です）。
どうやら，対物ミクロメーター 9 目盛りあたり，接眼ミクロメーター 20 目盛りの
ようですね。

あとは，「接眼ミクロメーター 1 目盛りは，対物ミクロメーターの目盛りいくつ分
だろう？」と考えます。
接眼ミクロメーター 1 目盛りあたりの，対物ミクロメーターの目盛り数を求めた
いので，接眼ミクロメーターの目盛り数で割ります。

$$\frac{対物ミクロメーターの目盛り数}{接眼ミクロメーターの目盛り数} = \frac{9}{20} = 0.45 \, 目盛り分$$

つまり，接眼ミクロメーター 1 目盛りは，対物ミクロメーター 0.45 目盛り分です。

対物ミクロメーター 1 目盛りは 10 μm ですので

$$0.45 \times 10 \, \mu m = 4.5 \, \mu m$$

まとめると，以下のようになります。

$$接眼ミクロメーター 1 目盛りの長さ(\mu m) = \frac{対物ミクロメーターの目盛り数}{接眼ミクロメーターの目盛り数} \times 10 \, \mu m$$

ここまでで，接眼ミクロメーターの 1 目盛りの大きさがわかりました。
観察する際には，プレパラートを作り，接眼ミクロメーターのみを用いて観察物
の大きさなどを測ります。**対物ミクロメーターは観察には用いません。**
これは大事なポイントですよ。

 補足　対物ミクロメーターに観察物をのせてプレパラートを作ってはいけません。

それじゃあ, 接眼ミクロメーター1目盛りの長さを求めるぞい

目盛りが重なる2カ所を探すッス

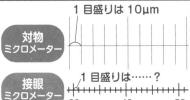

1目盛りは 10μm

対物ミクロメーター

1目盛りは……?

接眼ミクロメーター

30　　40　　50

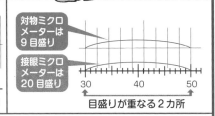

対物ミクロメーターは9目盛り

接眼ミクロメーターは20目盛り

30　　40　　50

目盛りが重なる2カ所

接眼ミクロメーター1目盛りは,対物ミクロメーターいくつ分だろう?

$$\frac{対物ミクロメーターの目盛り数}{接眼ミクロメーターの目盛り数} = \frac{9}{20} = 0.45 \text{ 目盛り分}$$

接眼ミクロメーターが分母になるッスね

対物ミクロメーター1目盛りは 10μm なので…

$$0.45 \times 10\,\mu m = 4.5\,\mu m$$

接眼ミクロメーター1目盛りの大きさがわかったな

まとめると…

接眼ミクロメーター1目盛りの長さ（μm）

$$= \frac{対物ミクロメーターの目盛り数}{接眼ミクロメーターの目盛り数} \times 10\,\mu m$$

Point　観察するときは, 接眼ミクロメーターのみを用いる。
（対物ミクロメーターでプレパラートを作らない！）

ここまでやったら

別冊 P. 9 へ

理解できたものに，☑チェックをつけよう。

- [ ] 生物が進化してきた経路に基づく種や集団の類縁関係を系統という。

- [ ] 遺伝情報を手がかりとして作られた系統樹を分子系統樹という。

- [ ] 細胞は生物の基本単位である。

- [ ] 「すべての生物は細胞からできている」という説を細胞説という。

- [ ] ウイルスは生物でも無生物でもない。

- [ ] 原核細胞には核がなく，細胞壁がある。

- [ ] 代表的な原核生物には，大腸菌やシアノバクテリアなどの細菌類がある。

- [ ] 真核細胞は，核と細胞質からできている。

- [ ] 真核細胞は核やミトコンドリアなどの細胞小器官をもつ。

- [ ] 1つの細胞からなる生物を単細胞生物という。

- [ ] 多数の細胞からなる生物を多細胞生物という。

- [ ] 多細胞生物は，似たようなはたらきをもつ細胞どうしが集まって組織となり，組織が集まって器官となり，器官が統合して個体となっている。

- [ ] 原核生物はすべて単細胞生物だが，真核生物には単細胞生物と多細胞生物がいる。

- [ ] 核の最外層には核膜があり，内側には染色体が存在している。

- [ ] 光合成は葉緑体で行われる。

- [ ] 呼吸はミトコンドリアで行われる。

- [ ] 液胞は，主に成長した植物細胞で発達している。

- [ ] 「区別できる2点の最小の幅」で表される顕微鏡の性能を分解能という。

- [ ] 接眼レンズ⇒対物レンズの順に取り付ける。

Chapter

2

エネルギーの利用

Chapter 2 エネルギーの利用

はじめに

自動車は，ガソリンを入れないと，走りません。
携帯電話は，電池を入れないと，起動しません。

同じように……

生物も，体の外からエネルギーを取り入れないと，生きていけません。
運動をしたり，心臓を動かしたり，新しい細胞を作ったり……と，
生きるためにはさまざまな活動をしていますが，それにはエネルギーが必要なのです。

「腹が減っては，戦はできぬ」ということわざがあるように，
「エネルギーが切れては，生きてはいけぬ」というのが，生物に共通する2つめの特徴です。

ということで，Chapter 2では，生物の4つの共通点のうちの，2つめ「エネルギーの利用」について見ていきますよ。

この章で勉強すること

・代謝について
・酵素について
・ATPについて
・異化についてと呼吸のしくみ
・同化についてと光合成のしくみ

自動車も…

あれ？

うごかん…

フフフ

しーん

携帯電話も…

あーっ？

フフフ

これじゃ
修理も
呼べん…

生物も！

まぁ
ゆっくりするか

アー‼

フフフ…

コラー！

キー

エネルギー補給

生命活動‼

体外からエネルギーを取り入れないと生きていけない

Let's
study!!

2-1　代謝　～エネルギーの利用～

> ### ココをおさえよう！
>
> 生物は外界からエネルギーを取り入れ，代謝を行っている。
> 代謝は異化と同化に分けられる。

自動車は，ガソリンがないと，走りません。なぜでしょうか？
ガソリンに，何か秘密がありそうですね。
そこで，ガソリンについて調査してみました。

【調査結果】
どうやらガソリンは，主に**有機物**からできているようです。

複雑な構造をもった有機物は，「もっと単純な物質になりたい！」という不満を抱えています。なので，火をつけると，不満を爆発させるかのように熱を放出し，**単純な物質に変化**します。
ガソリンから放出された熱のエネルギーによって，車は走るのです。

・不満＝化学エネルギー

ガソリンのお話に出てきた「不満」は，化学エネルギーを例えたものです。化学エネルギーとは，化学結合に蓄えられたエネルギーのことです。

有機物のように複雑な構造の物質は，化学エネルギーを多く蓄えています。
一方，無機物のように単純な構造の物質は，化学エネルギーをあまり蓄えていません。

このことは覚えておきましょう！

 有機物とは炭素Cを含む物質のことです。無機物は炭素Cを含まない物質のことで，有機物のほうが無機物より構造が複雑になります。
炭素Cを含む物質でも単純な構造をしている一酸化炭素CO，二酸化炭素CO_2などは無機物に分類されます。

なぜ，自動車はガソリンがないと走らないのか？

ガソリンの調査結果

複雑な構造の有機物は，「もっと単純になりたい」という不満をエネルギーに変える。

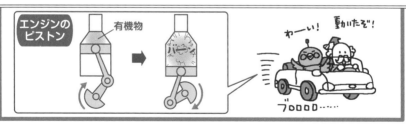

そのエネルギーを使ってエンジンを動かし，自動車は走る。

・有機物はエネルギーの元手

車はガソリンという有機物をエネルギーの元手としていましたが，生物も有機物を生命活動のエネルギーの元手としています。

植物と動物の，有機物の取り入れ方の違いについて見てみましょう。

・植物は，主に自分自身で有機物を作る

植物は，太陽の光エネルギーを利用し，水と二酸化炭素という単純な物質から複雑な有機物を作っています。これを**光合成**といいます。

中学のときに，「水と二酸化炭素から，デンプンと酸素ができる」と習いましたよね。デンプンは有機物なのです。

こうして作られた有機物を，単純な物質に分解し，エネルギーを取り出しています。

・動物は体外から取り入れた有機物を分解して，エネルギーを得ている

動物は植物のように，自分で有機物を作り出すことはできません。

体外から有機物を食料として摂取し，それを分解してエネルギーを得ています。

 ちなみに，体外から摂取したものを分解するのは，エネルギーを取り出すことだけが目的ではありません。例えば，有機物を分解してできた炭素原子は，体を構成する成分として利用されますよ。

・植物や動物はエネルギーを何に使う？

生命活動に必要な物質は，複雑な構造をしています。

植物や動物は**取り出したエネルギーを利用**して，単純な物質から，生命活動に必要な**複雑な構造の物質を作っています**。

例えば，炭素や窒素という単純な物質から，タンパク質や脂質などを作るときに，エネルギーを使っているのです。

植物も動物も有機物がエネルギーの元手

・植物の場合

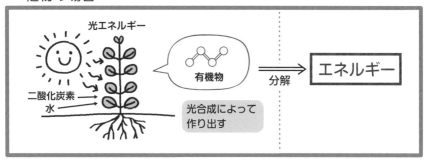

・動物の場合

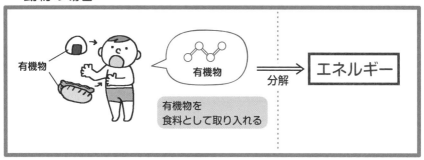

取り出したエネルギーを利用して，生命活動に必要な複雑な構造の物質を作っている。

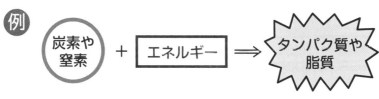

・体内で行われていることは，分解と合成の２つに大別される

人間を含めて，生物は外界からいろいろな物質を取り入れて，生命活動に必要な物質を体内・細胞内で合成しています。

また，体内・細胞内で役目を果たした物質は，分解されて排出されます。

生物の体内・細胞内では，いろんな化学反応が起きているのですが，
大別すると，以下の２つにまとめられます。

１つは，**複雑な物質を単純な物質に分解する反応**です。これを**異化**といいます。
もう１つは，**単純な物質から複雑な物質を合成する反応**です。これを**同化**といいます。

このような，生体内で行われている化学反応，つまり異化と同化をまとめて，**代謝**と呼びます。

異化と同化をエネルギーの観点から見てみましょう。
p.60で，有機物のような複雑な物質はエネルギーを多く蓄えており，無機物のような単純な物質はエネルギーをあまり蓄えていないという話をしましたね。

つまり，複雑な物質を単純な物質に分解する「異化」では，反応の過程でエネルギーが放出され，単純な物質から複雑な物質を合成する「同化」では，反応の過程でエネルギーが吸収される（利用される）のです。

・異化と同化の代表的な例

異化の代表的な例は呼吸です。
呼吸をすることで有機物が分解されて，エネルギーが取り出されます。

同化の代表的な例は光合成です。
光エネルギーを利用することで二酸化炭素と水から，有機物を作ります。

それ以外にも，植物や動物の体内では，いろいろな同化と異化が行われています。

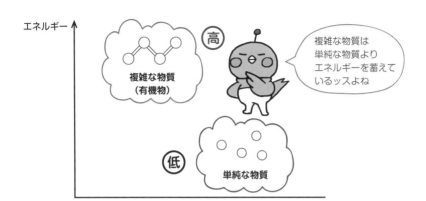

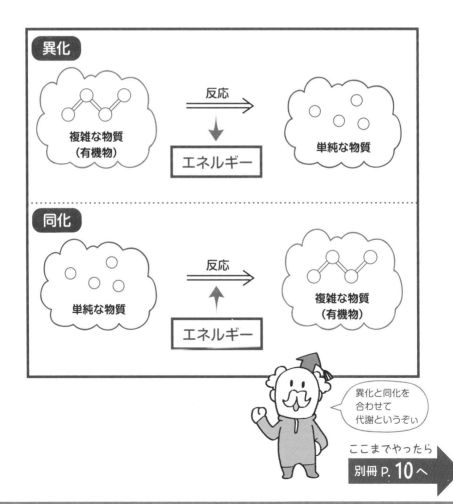

ここまでやったら
別冊 P. 10 へ

2-2　ATP ①

> ## ココをおさえよう！
>
> 生物の体内におけるエネルギーのやり取りは，ATP（アデノシン三リン酸）を介して行われる。
> この性質からATPは「エネルギーの通貨」と呼ばれる。

生物が生命活動を営むためのエネルギーの元手は有機物で，
有機物（複雑な物質）を単純な物質に分解するとエネルギーを取り出せる
ということがわかりました。
ここでは，エネルギーについて，もう少しくわしく見てみましょう。

・エネルギーは，ATPという物質を介してやり取りされる

異化によって，エネルギーが放出されて（取り出されて），
同化において，エネルギーが吸収される（反応に利用される）のでしたね（p.66）。

異化によって放出されたエネルギーが，うまい具合にそのまま，同化に使われたらいいのですが，そうもいきません。

エネルギーが放出される（異化が行われる）場所と，エネルギーが利用される（同化が行われる）場所が，離れてしまっているからです。

なので，異化によって放出されたエネルギーは，一度**ATP（アデノシン三リン酸）**という物質に保存され，同化が行われるところに移動し，そこでATPが保存したエネルギーを受け渡すということになります。
ATPはエネルギーの受け渡しをする役割なので，「**エネルギーの通貨**」と呼ばれています。

 補足　異化によって放出されたエネルギーを**ADP**が受け取り，ATPというエネルギーの高い状態になります。そしてATPがADPになるときに放出されるエネルギーを用いて，同化が行われるのです。
ATPとADPについては，次のページで説明しますね。

エネルギーがあるから，生命活動を営むことができる。

復習

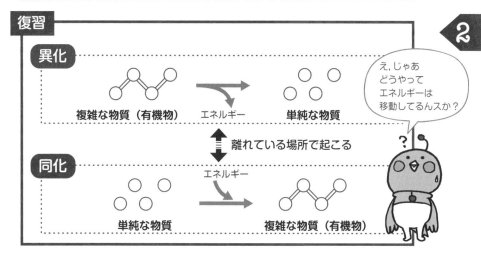

ATP の役割

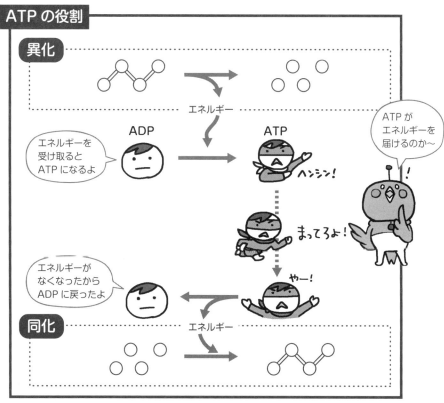

2-3 ATP②

> **ココをおさえよう！**
>
> ATPの高エネルギーリン酸結合が切れることでエネルギーが取り出される。
> この反応により，ATPはADPとリン酸になる。

ATPとは，一体どのような物質なのでしょうか？

・ATPとは？

ATPとは，アデノシンという物質と，3つのリン酸という物質からなる，**アデノシン三リン酸**という物質の略称です。
異化によって放出されたエネルギーを受け取っているので，**エネルギーが高い状態**になっています。

 補足 ATP = <u>A</u>denosine <u>T</u>riphosphate

一方，エネルギーを受け取る前は，ADPという物質です。

・ADPとは？

ADPは**アデノシン二リン酸**という物質の略称で，アデノシンと，2つのリン酸からなります。
ATPに比べると**エネルギーが低い状態**になっています。

 補足 ADP = <u>A</u>denosine <u>D</u>iphosphate

・ATPとADPのまとめ

ADPは，エネルギーを受け取ると，1つのリン酸と結合し，ATPになります。
ATPには，結合した3つのリン酸が含まれます。このリン酸どうしの結合は**高エネルギーリン酸結合**と呼ばれ，多くの化学エネルギーが蓄えられています。

そしてこの**リン酸の間の結合が切れると，ATPはADPとリン酸になり，エネルギーが放出される**のです。

ATP …アデノシン三リン酸

ADP …アデノシン二リン酸

まとめると…

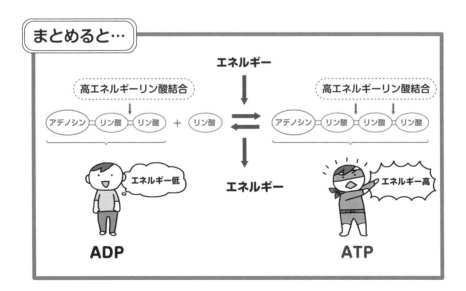

ここまでやったら

別冊 p. **11** へ

2-4　呼吸　〜異化の代表例〜

ココをおさえよう！

異化の代表例である呼吸は，細胞内のミトコンドリアで行われる。

「複雑な物質を単純な物質に分解し，エネルギーが放出される（取り出される）過程」を異化と呼ぶのでした。

そんな異化について，くわしく見ていきましょう。

・呼吸

体内にある有機物（複雑な物質）を分解し，効率的にエネルギーを取り出すために，生物は酸素（O_2）を利用します。
酸素（O_2）を用いて有機物を分解すると，エネルギーが放出されます。そのエネルギーによってATPができるのです。このはたらきを，**呼吸**と呼びます。呼吸は，異化の代表例です。

 補足 ここでいう呼吸は，私たちが普段使っている呼吸という言葉とは，少し意味が異なります。細胞レベルで酸素（O_2）を取り入れる過程を指すため，**細胞呼吸**と呼ばれることもあります。

呼吸によって取り出されるエネルギーを，式の中に入れて表すと，呼吸の過程は，次のようになります。

有機物 ＋ 酸素 ⟶ 水 ＋ 二酸化炭素 ＋ エネルギー（ATP）

・呼吸はミトコンドリアで行われている

真核生物では，呼吸は主に，細胞内のミトコンドリアで行われます。
ミトコンドリアのもつ，さまざまな酵素のはたらきにより，
有機物は酸素（O_2）を用いて分解され，エネルギーが取り出されているのです。

異化

複雑な物質（有機物）　　エネルギー　　単純な物質

異化について
くわしく勉強
するぞい

②

呼吸　…酸素を使って，異化を行うこと。

$+ \underline{O_2}$

エネルギー（ATP）

エネルギーを
式の中に入れて
表したッスね

呼吸の過程

有機物 ＋ 酸素 ⟶ 水 ＋ 二酸化炭素 ＋ エネルギー（ATP）

呼吸はミトコンドリアで行われている

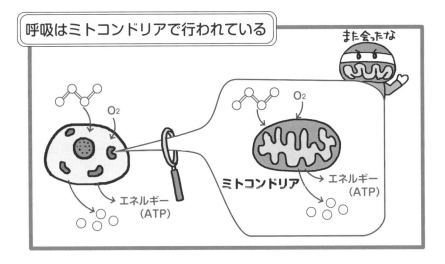

2-5　光合成　〜同化の代表例〜

ココをおさえよう！

> 無機物から炭水化物を合成するはたらきを炭酸同化といい，その代表例が光合成である。
> （光合成：二酸化炭素 ＋ 水 ＋ 光エネルギー ⟶ 有機物 ＋ 酸素）

異化について勉強してきましたが，続いて，同化について勉強しましょう。

同化とは，「**エネルギーを利用して，単純な物質を複雑な物質に合成する過程**」のことでした。

・炭酸同化

同化のうち，二酸化炭素（無機物）から炭水化物などの有機物を合成するはたらきを**炭酸同化**と呼びます。

そして，**炭酸同化の代表例**としてよく挙げられるのが，**光合成**です。

・光合成とは？

光合成とは，二酸化炭素と水から光エネルギーを用いて，デンプンなどの有機物と酸素を作る反応です。

> 二酸化炭素 ＋ 水 ＋ 光エネルギー ⟶ 有機物 ＋ 酸素

同化

エネルギー

単純な物質　　　　　　　複雑な物質（有機物）

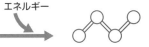
次は同化に
ついてじゃ

炭酸同化 …無機物から炭水化物などの有機物を
作ること。

二酸化炭素　　⟶　　炭水化物
（無機物）　　　　　　　（有機物）

光合成 …光エネルギーを用いて，二酸化炭素と水から，
有機物と酸素を作る反応。炭酸同化の1つ。

光エネルギー

二酸化炭素 ＋ 水　⟶　有機物 ＋ 酸素
（無機物）

ボクも光合成
できたら
日なたぼっこ
してるだけで
おなか
いっぱいに
なれるのに
なぁ

なまけもの
め…

2-6 酵素①

> **ココ**をおさえよう！
>
> **酵素は触媒としてはたらき，代謝を促進する。**

ヒトの体内は，37℃前後，中性です。
このような**穏やかな環境**では，本来，化学反応は起きません。
では，どうして体内で，化学反応である代謝が起こるのでしょうか。

それは，**酵素**が手助けしてくれるからです。

酵素は，**触媒**の一種です。
触媒とは，ある**化学反応を促進**し，**反応前後において自分自身は変化しない**物質のことです。
触媒のなかでも，**タンパク質が主成分**のものを特に酵素と呼びます。

反応前後で変化しないため，酵素は**何度でも**化学反応に参加することができます。

・触媒の例：酸化マンガン（Ⅳ）……タンパク質以外からなる
過酸化水素水に含まれる過酸化水素は，常温ではほとんど分解されません。しかし，触媒である酸化マンガン（Ⅳ）を少量でも加えると，過酸化水素は水と酸素に分解されます。

常温であっても化学反応が速やかに進むのは，触媒のおかげです。
化学反応後も，酸化マンガン（Ⅳ）には何の変化もありません。

・触媒の例：カタラーゼ……タンパク質からなる
カタラーゼも酸化マンガン（Ⅳ）と同じはたらきをします。カタラーゼはタンパク質からなるので，酵素です。

カタラーゼはヒトの肝臓などに含まれています。
もちろん，反応の前後で変化することはありません。

触媒とは？

ある化学反応を促進する物質で，
反応前後で自分は変化しないような物質のこと。

反応前　　　　　　　　　　　　反応後　　　　　　　　ボクは変わらない

ササッ

● 触媒の例：酸化マンガン（Ⅳ）…タンパク質以外からなる触媒

反応前　　　　　　　　　　　　反応後　　　　　　　　ボクは変わらない

過酸化水素　　　　ササッ　　　　水　＋　酸素

酸化マンガン（Ⅳ）　　　　　　　　　酸化マンガン（Ⅳ）

● 酵素の例：カタラーゼ…タンパク質からなる触媒

反応前　　　　　　　　　　　　反応後　　　　　　　　ボクも変わらない

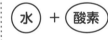

過酸化水素　　　　ササッ　　　　水　＋　酸素

カタラーゼ　　　　　　　　　　　　カタラーゼ

2-7   酵素②

> ## ココをおさえよう！
>
> 酵素は，特定の基質だけに作用する。
> この特徴を基質特異性という。

酵素は触媒なので，反応前後において自分自身は変化しない，という特徴がありました。

もうひとつ，酵素には大事な特徴があります。それが**基質特異性**です。

・基質特異性

生体内にはさまざまな酵素が存在しますが，それぞれの酵素は特定の物質にしかはたらきません。酵素が作用することのできる特定の物質を**基質**といい，酵素が**特定の基質にしか作用しない**ことを**基質特異性**といいます。

例えば，だ液に含まれる**アミラーゼ**は，**デンプンの分解を促進**しますが，タンパク質の分解を促進することはありません。

一方，胃から分泌される**ペプシン**は，**タンパク質の分解を促進**しますが，デンプンの分解を促進することはありません。

アミラーゼの基質はデンプンだけ，ペプシンの基質はタンパク質だけだからです。

■基質特異性

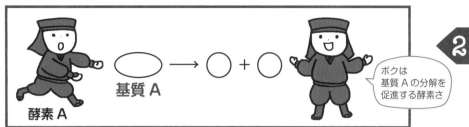

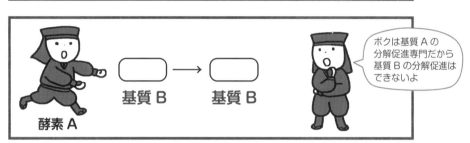

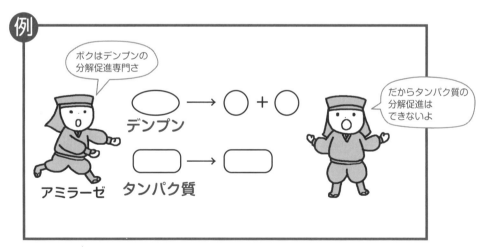

2-8 　発展 酵素③

ココをおさえよう！

基質と結合する部位を活性部位，酵素と基質が結合したものを酵素-基質複合体という。
酵素には，はたらきが最大化する温度とpHがある。

● 酵素に基質特異性がある理由

酵素には，**活性部位**という立体的な構造があります。
活性部位の構造は，酵素によって異なります。

酵素反応が起きる際は，この活性部位が基質と結合し，**酵素-基質複合体**がつくられます。
つまり酵素は，自身の**活性部位とぴったり結合する基質とのみ複合体をつくり**，化学反応を促進するのです。

● 最適な温度，pH

酵素には，その**はたらきが最大化する温度やpH**があります。

ヒトのもっている酵素は，だいたい40℃前後（体温付近）で活性が最も高くなります。
一方，高温の温泉に生息する細菌の酵素では，80℃前後で活性が最も高くなるものもあります。最も活性が高くなる温度を**最適温度**といいます。

また，酵素によって，最もはたらきやすいpHは異なります。
例えば，だ液中に存在する**アミラーゼ**は，中性（pH=7）付近で，胃液中ではたらく**ペプシン**は，酸性（pH=2）付近で最も活性が高くなります。
最も活性が高くなるpHを**最適pH**といいます。

 補足　温度が高すぎたり，pHが不適当だったりすると，酵素の活性は失われます。これを**失活**といいます。

・**酵素に基質特異性がある理由**

イメージ

酵素には,活性部位(活性中心)という立体的な構造がある(酵素によって形が違う)。	活性部位が基質の特定の部位と結合し,反応が起きる。

● 最適温度は生物によって異なる。

● 酵素によって,最も活性化する pH は異なる。

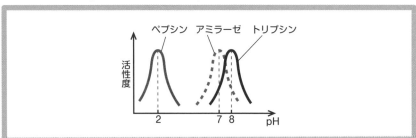

まとめ

温度, pH は酵素によって最適なポイントがある。

ここまでやったら

別冊 P. 12 へ

ハカセの
宇宙一キビしい
チェック!!

理解できたものに，☑チェックをつけよう。

- [ ] 複雑な物質を，単純な物質に分解する反応を，異化という。異化によってエネルギーは取り出される。

- [ ] 単純な物質から，複雑な物質を合成する反応を，同化という。同化によってエネルギーは吸収される。

- [ ] 生体内におけるエネルギーのやり取りはATP（アデノシン三リン酸）を介して行われる。

- [ ] ADPにリン酸が1つ結合するとATPになる。

- [ ] ATPには高エネルギーリン酸結合があり，この結合が切れるとエネルギーが放出される。

- [ ] 呼吸は，異化の代表例である。

- [ ] 同化のうち，無機物から有機物を合成するはたらきを炭酸同化という。

- [ ] 光合成は，同化の代表例である。

- [ ] 光合成：二酸化炭素 ＋ 水 ＋ 光エネルギー ⟶ 有機物 ＋ 酸素

- [ ] 酵素は体内で触媒としてはたらき，化学反応（＝代謝）を手助けする。

- [ ] 酵素は反応の前後で変化しない。

- [ ] 酵素には，特定の基質にしか結合しない基質特異性という特徴がある。

- [ ] 酵素と基質の結合する部位を活性部位（活性中心）という。

- [ ] 酵素と基質が結合したものを酵素-基質複合体という。

- [ ] 酵素には最も活性が高くなる最適温度や最適pHがある。

- [ ] 酵素はタンパク質からなるため，温度を上げすぎると変性し，失活する。

Chapter

3

遺伝情報（DNA）

遺伝情報 (DNA)

はじめに

どんな生物も生殖によって自分の形や性質に似た子を作ります。
(ツバメからウミガメが産まれることは，決してありませんよね)

これは，すべての生物に共通する特徴です。
親は子へ，何かしらの情報を渡しており，これを遺伝情報と呼びます。

長年の研究の結果，親から子に，**DNA**という物質を受け渡していることがわかりました。

DNAからは**タンパク質**が作られます。つまり，DNAは「どんなタンパク質を作るか」という情報を持っており，それが親から子に引き継がれるということなのです。

子に引き継がれたDNAは，はじめは1つの受精卵に存在していますが，体細胞分裂を繰り返し，数十兆個の細胞からなる私たちの体を作ります。その過程で，DNAも複製されます。

ということで，本章では，生物に共通する3つ目の特徴「遺伝情報 (DNA) をもつ」について見ていくのですが，特に「DNAからタンパク質が作られる過程」と「体細胞分裂でDNAが複製される過程」についてくわしく触れますよ。

この章で勉強すること

・遺伝情報とは？　　　・タンパク質とはたらき
・DNAの構造とはたらき　　　・遺伝子の発現とその調整，遺伝情報の分配

どんな生物も，生殖によって自分の形や性質に似た子を作る。

3-1　遺伝情報とは

ココをおさえよう！

生物の形態や性質を子に伝え遺すことを遺伝という。
その際，親が子に渡す情報を遺伝情報という。

親が子に渡す情報を，**遺伝情報**といいます。

遺伝情報といわれても，何のことだかさっぱりわかりませんよね。
実体のない，抽象的な言葉なので，イメージしづらいのは当然です。

しかし，心配は無用です。わかりやすく解説するために，ハカセとツバメは地球
にやってきたのですから。

さて……。

すべての生物は子を作り，種のもつ情報を子どもに伝えていきます。いい換えると，
その生物の形態や性質を，**子に"伝"え，"遺"している**，ということです。

この事象を指して，**遺伝**と呼んでいます。

いちいち「生物が子を作り，種のもつ情報を子に伝えていく」と説明するのが面
倒なので，ひと言でこれを表す言葉を科学者が作ったのでしょう。

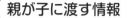
親が子に渡す情報 …遺伝情報

受精卵

遺伝情報

わかりやすく解説するために
ハカセとツバメは地球に
やってきたのですから…

プレッシャー
じゃのう…

ハカセ,
まかせたッス

| 遺伝 | …生物が子を作り，種のもつ情報を子に伝えていくこと。

つまり，すべての生物は，その生物の形態や性質を，
子に伝え，遺している。　➡　遺伝

えっと，あの，「生物が子を作り，種のもつ情報を
子に伝えていく」ということに関して聞きたいこと
があるんッスけど……。というもの，ボクは今，
「生物が子を作り，種のもつ情報を子に伝えていく」
というものをわかりやすく説明しようとしているん
ッスけど，その「生物が子を作り…

あ，遺伝 のことね

それ！　うわー便利な言葉ッス！

・遺伝情報は，その生物の形質について書かれた設計図のようなもの

遺伝情報は，その生物の形態や性質（これを**形質**と呼びます）について書かれた，設計図のようなイメージです。

・設計図を，どうやって子に渡すか？

基本的には，父親と母親がそれぞれ生殖細胞をもち寄り（ヒトにおいては精子と卵），合体することで設計図が完成します。

 「基本的には」という表現をしたのは，父親と母親が細胞をもち寄るのではなく，1つの個体から分裂して子ができる生物もいるからです。

父親と母親からできた受精卵は，遺伝情報をもっています。

さて，遺伝情報は，紙に書かれているわけではありません。もちろん，CDやUSBメモリの中に入っているわけでもありません。

では，一体，遺伝情報は何に書き込まれているのでしょうか？

遺伝情報は，その生物の形質について書かれた設計図

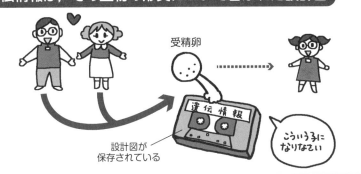

遺伝情報は，父親と母親の生殖細胞が合体することで完成する

遺伝情報は，紙に書かれているわけでも，CDやUSBメモリの中に入っているわけでもない

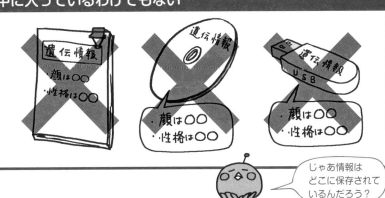

3-2　遺伝子の正体はDNA

> **ココ**をおさえよう！
>
> 遺伝は，親から子に，**DNA**という物質を引き継ぐことによって
> 行われる。

親と似た子が産まれることから，親から子には何かしらの情報が受け渡されている（**遺伝**する）ということはわかっていました。しかし，そのメカニズムは長らく謎でした。

現在では，親から子に**DNA**（**デオキシリボ核酸**）という物質が引き継がれていることがわかっています。

・DNAはどのように引き継がれる？

DNAは，ヒストンと呼ばれるタンパク質に巻きついて染色体となり，核の中に存在します。
ヒトの体細胞の核の中には46本の染色体が存在しているのですが，父親と母親から23本ずつ受け継いだものなのです。

23本の染色体には対になる染色体があり，これを**相同染色体**と呼びます。

・「遺伝子の正体はDNA」ってどういうこと？

DNAはどんなタンパク質を作るかという設計図になっています。

タンパク質と聞くと筋肉を作るものというイメージしかないかもしれませんが，酵素や抗体，ホルモン，赤血球などの主成分であり，非常に重要な役割を担っています。

以上を踏まえると，「遺伝子の正体はDNAであった」は，次のように言い換えられます。

「遺伝子の正体はDNAであった」
→ **「親から子に，生物の形質を伝える役割を担っている物質は，DNAであった」**
→ **「親から子に，タンパク質の設計図であるDNAが引き継がれることで，生物**
　の形質が伝えられていた」

Q DNAはどのように引き継がれる？

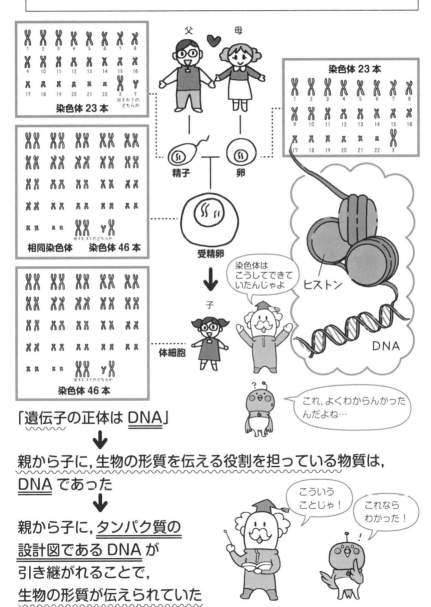

染色体 23 本

相同染色体　染色体 46 本

染色体 46 本

父　母

精子　卵

受精卵

子

体細胞

染色体は
こうしてできて
いたんじゃよ

ヒストン

DNA

これ, よくわからんかった
んだよね…

「遺伝子の正体は <u>DNA</u>」

↓

親から子に, 生物の形質を伝える役割を担っている物質は,
<u>DNA</u> であった

↓

親から子に, <u>タンパク質の
設計図である DNA</u> が
引き継がれることで,
生物の形質が伝えられていた

こういう
ことじゃ！

これなら
わかった！

3-3　タンパク質の役割

> ## ココをおさえよう！
>
> タンパク質は，酵素・ヘモグロビン・フィブリン・ホルモン・抗体などを構成する，重要な物質である。

・なぜ，タンパク質を作るのか？

なぜ，遺伝情報は，タンパク質に関する情報なのでしょうか。
親から子へ，子から孫へと引き継ぐような大事な情報が，タンパク質の合成に関する情報でいいのでしょうか？　それほどタンパク質は，重要なのでしょうか？

そうです，とても重要なのです。

例えば，代謝を促進するのに不可欠な**酵素**(p.74)，赤血球中の**ヘモグロビン**(p.142)，血しょう中の**フィブリン**(p.146)，特定の組織や器官のはたらきを調整する**ホルモン**(p.168)，免疫にかかわる**抗体**(p.214)などは，タンパク質からなります。

このようにタンパク質は，**生物の生命活動に必要不可欠な物質**なのです。

 ヒトの体内には，数万種類ものタンパク質が存在しているといわれています。

家庭科の授業で大事な栄養素であるとは教わっていましたが，タンパク質は生物にとってこんなにも重要な物質だったのですね。

・タンパク質は，アミノ酸からできている。

タンパク質は，多数の**アミノ酸**がくっついてできています。
タンパク質を作るアミノ酸は20種類あります。アミノ酸の組み合わせと順序が変わることで，さまざまなタンパク質が作られています。

Q なぜ，遺伝情報はタンパク質に関する情報なのか？

なんかこう，もっと重要な物質に関する
情報が書かれていると思ってたんだけど…

なに？
タンパク質が重要でない
とでもいいたいのかね？

A **タンパク質はとても重要な物質だから**

タンパク質は，以下の物質のもとになっている。

- 酵素 ……………… 代謝を促進

- ヘモグロビン … 赤血球のはたらきの中心

- フィブリン …… 血液凝固にかかわる

- ホルモン ……… 体内環境の調節にかかわる

- 抗体 …………… 免疫にかかわる

ゲッ…
めっちゃ
大事じゃん

タンパク質は，生命活動に必要不可欠！

ここまでやったら

別冊 P.**14**へ

3-4　DNAの構造

ココをおさえよう！

DNAは，2本のヌクレオチド鎖がらせん状になった物質である。
ヌクレオチド鎖とは，ヌクレオチドが連なってできたものであり，
ヌクレオチドとは，リン酸と糖（デオキシリボース），塩基が1つ
ずつ結合してできた物質である。
塩基にはA（アデニン），T（チミン），G（グアニン），C（シトシン）
の4種類がある。

遺伝子の正体がDNAであるということは，お話ししましたね（p.108）。
では，DNAとは一体，どのような物質なのでしょうか？

・DNAの構造にそっくりな，「宇宙一豪華なダブルネックレス」

DNAの構造を説明するため，全宇宙の王様が欲しがる「宇宙一豪華なダブルネックレス」をご紹介しましょう。このネックレスの構造は，DNAの構造にそっくりなのです。

「宇宙一豪華なダブルネックレス」は，真珠とダイヤモンド，宝石からできていて，宝石にはA，T，G，Cの4種類があります。

ネックレスは，真珠とダイヤモンド，宝石が1つずつくっついた"パーツ"が，数多く連なった構造になっています。

これだけでも豪華ですが，実はネックレスはもう1本あり，宝石どうしでくっついています。ただし，くっつきかたにはルールがあって，2本のネックレスは，AはTと，GはCとだけ，くっつくように作られているのです。

最後にねじってらせん状にすれば，ダブルネックレスの完成です。

DNA はどんな物質なのか？

『宇宙一豪華なダブルネックレス』

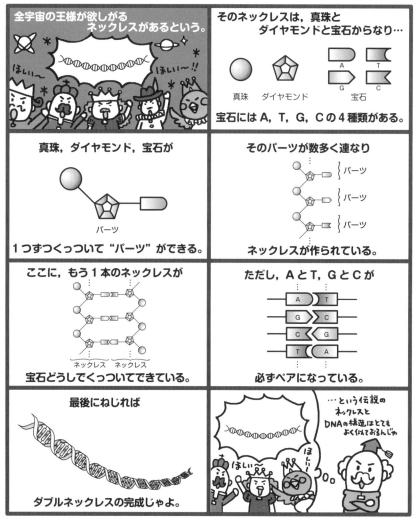

全宇宙の王様が欲しがるネックレスがあるという。

そのネックレスは，真珠とダイヤモンドと宝石からなり…

真珠　ダイヤモンド　宝石

宝石には A，T，G，C の 4 種類がある。

真珠，ダイヤモンド，宝石が

パーツ

1 つずつくっついて "パーツ" ができる。

そのパーツが数多く連なり

パーツ
パーツ
パーツ

ネックレスが作られている。

ここに，もう 1 本のネックレスが

ネックレス　ネックレス

宝石どうしでくっついてできている。

ただし，AとT，GとCが

A　T
G　C
C　G
T　A

必ずペアになっている。

最後にねじれば

ダブルネックレスの完成じゃよ。

・実際のDNAはどんな構造？

DNAの構造は「宇宙一豪華なダブルネックレス」の構造に，とても似ているということでしたが，実際どのような構造をしているのでしょうか？

DNAは，**リン酸**と**糖（デオキシリボース）**，**塩基**の3つからなります。
塩基には**A（アデニン）**，**T（チミン）**，**G（グアニン）**，**C（シトシン）**の4種類があります。

リン酸と糖，塩基が1つずつくっついたものを**ヌクレオチド**といい，
ヌクレオチドが連なったものを**ヌクレオチド鎖**と呼びます。

DNAは，このヌクレオチド鎖2本からなります。
2本のヌクレオチド鎖は，塩基どうしでくっついていて，**AとT，GとCが必ずペアになっています。**
そして，この2本のヌクレオチド鎖はらせん構造をしているのです。

これが，DNAです。

ちなみに，このDNAの**二重らせん構造**は，ワトソンとクリックという人によって解明されました。

 補足　塩基はAとT，GとCで結合しているといいましたが，それぞれ，AとTは2つの**水素結合**で，GとCは3つの水素結合でゆるやかに結合しています。

『実際のDNAはどんな構造をしているのか？』

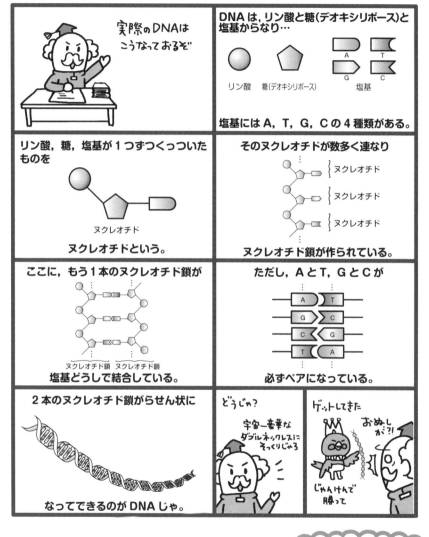

実際のDNAは
こうなっておるぞ

DNA は，リン酸と糖（デオキシリボース）と塩基からなり…

リン酸　糖（デオキシリボース）　塩基

塩基には A，T，G，C の 4 種類がある。

リン酸，糖，塩基が 1 つずつくっついたものを

ヌクレオチド

ヌクレオチドという。

そのヌクレオチドが数多く連なり

ヌクレオチド
ヌクレオチド
ヌクレオチド

ヌクレオチド鎖が作られている。

ここに，もう 1 本のヌクレオチド鎖が

ヌクレオチド鎖　ヌクレオチド鎖
塩基どうしで結合している。

ただし，A と T，G と C が

必ずペアになっている。

2 本のヌクレオチド鎖がらせん状に

なってできるのが DNA じゃ。

どうじゃ？
宇宙一豪華な
ダブルネックレスに
そっくりじゃろ

ゲットしてきた
おぬし
が?!
おめし
が?!
じゃんけんで
勝って

　補足

A と T は 2 つの水素結合，
G と C は 3 つの水素結合で
結合している。

水素結合

3-5　塩基の相補性

ココをおさえよう！

DNAの塩基は，AとT，GとCが結合している。
このような性質を，塩基の相補性という。

DNAは，AとT，GとCが結合した構造になっているということは，
先ほどお話ししましたね。これを，塩基の**相補性**といいます。
（相補とは「相互に補い合う」という意味ですが，簡単にいうと，片方が，もう片方の対の塩基になっているということです）

この性質を用いて，よく出題される問題が2つあります。

①　もう片方の塩基配列を求める問題

片方の塩基配列がわかっているとき，もう片方の塩基配列はどうなっているか，という問題です。
例えば，片方の塩基配列が「ATTGACCT」だったとき，もう片方はどのような塩基配列になっているでしょう？

正解は「TAACTGGA」です。AはTと，GはCとしか結合しないのですから，**対となる塩基の配列を答えればよい**のです。

②　含まれている塩基の割合を求める問題

ある塩基の割合をもとに，他の塩基の割合を答えさせる問題です。
例えば，ある生物のDNAに含まれている全塩基のうち，Aの割合が21％だったとしましょう。このとき，他の塩基の割合はいくらでしょうか？

Aが21％ということは，その対となるTも21％存在します。
残り $100 - 21 - 21 = 58$〔％〕はGとCになりますが，この2つも対になっていますので，同じ割合で存在しています。
よって，$G = C = 58 \div 2 = 29$〔％〕となります。

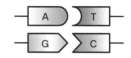

| 塩基の相補性 | …AとT，GとCが
結合すること。 |

3

・塩基の相補性という性質をもとにした，頻出問題

① もう片方の塩基配列を求める問題

Q 片方の塩基配列が「ATTGACCT」だったとき，
もう片方の塩基配列はどうなっているか？

```
A T T G A C C T
| | | | | | | |     なので，「TAACTGGA」
T A A C T G G A
```

② 含まれている塩基の割合を求める問題

Q ある生物のDNAに含まれている全塩基のうち，
Aの割合が21%である。このとき，他の塩基の
割合はいくらか？

これだけで
求められるん
ッスか？

A Aの割合が21%ということは，
Tも同じだけ含まれているので，Tも21%である。
すると，AとTだけで42%の割合を占める。
残りの100%－42%＝58% がGとCだが，
GとCは同じ割合ずつ存在するので，58%÷2＝29%
よって，T：21%，G：29%，C：29%

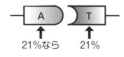

21%なら　　21%

合わせて58%なら
29%ずつ

ここまでやったら

別冊 P. 15 へ

3-6　DNAのはたらき①　~DNAからタンパク質が作られるまで~

> **ココをおさえよう！**
>
> ・DNAからタンパク質が作られるまでの流れは
> 「DNA」$\xrightarrow{\text{転写}}$「RNA」$\xrightarrow{\text{翻訳}}$「アミノ酸」——「タンパク質」
> ・RNAとDNAの相違点 (3つ) は必ず覚える。

DNAについて理解したところで，次は，DNAからタンパク質が作られる過程を，もっとくわしく見てみましょう。大まかな流れは，以下のようになっています。

「DNA」$\xrightarrow{\text{転写}}$「RNA」$\xrightarrow{\text{翻訳}}$「アミノ酸」——「タンパク質」

・RNA

DNAのもつ遺伝情報からタンパク質が合成される最初のステップ (**転写**) では，**RNA** (**リボ核酸**) と呼ばれる物質が合成されます。

まずは，このRNAについて説明します。

RNAとDNAはよく似た物質です。
DNAが「宇宙で一番目に豪華なダブルネックレス」だとしたら，
RNAは「宇宙で二番目に豪華なシングルネックレス」というイメージです。

・DNAとRNAの相違点

☆DNAの糖はデオキシリボースであるのに対し，RNAの糖は**リボース**。
　(よって，DNAはデオキシリボ核酸，RNAはリボ核酸なのです)

☆DNAの塩基は，A，T，G，C。RNAの塩基は，A，**U** (**ウラシル**)，G，C。

☆DNAは2本のヌクレオチド鎖がらせん状になっているのに対し，RNAは通常，**1本のヌクレオチド鎖からなる**。

DNA からタンパク質が作られる過程

DNA ──転写──→ RNA ──翻訳──→ アミノ酸 ──────→ タンパク質

・RNA とは？

イメージ

DNA が「宇宙で一番目に豪華な<u>ダブルネックレス</u>」だとしたら，
RNA は「宇宙で二番目に豪華な<u>シングルネックレス</u>」である

・DNA と RNA の相違点

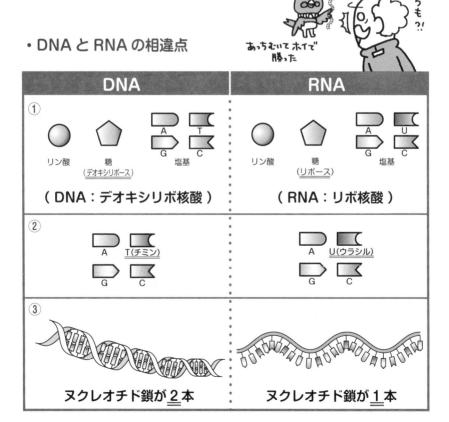

DNA	RNA
① リン酸　糖（<u>デオキシリボース</u>）　塩基 A T G C	① リン酸　糖（<u>リボース</u>）　塩基 A U G C
（ DNA：デオキシリボ核酸 ）	（ RNA：リボ核酸 ）
② A　<u>T（チミン）</u>　G　C	② A　<u>U（ウラシル）</u>　G　C
ヌクレオチド鎖が<u>2</u>本	ヌクレオチド鎖が<u>1</u>本

・DNAからRNAが作られる過程を，転写という

DNAからRNAが合成されるときは，まず，DNAの2本鎖の一部がほどけます。すると，DNAのもつ塩基があらわになります。

そこに，対となる塩基をもったヌクレオチドが結合し，ヌクレオチドどうしが結合してヌクレオチド鎖になります。このヌクレオチド鎖がRNAです。

このように，DNAの情報をRNAが写しとる過程を，**転写**と呼びます。

＜注意点＞

> ここで注意しないといけないのは，DNAの塩基Aの対となるのが，RNAの塩基U（ウラシル）であるということです。RNAはT（チミン）をもっていませんよ。

・RNAの情報をもとにアミノ酸が指定される過程を，翻訳という

タンパク質の情報をもつRNAを，**mRNA（伝令RNA）**といいます。
mRNAの塩基配列では，3つの連続する塩基配列がアミノ酸1つを指定しています。このような3つで一組の塩基の並びを**コドン**といいます。
（例えば，AUCというコドンはイソロイシンを指定します）（❶）。

コドンが指定するアミノ酸は，**tRNA（運搬RNA）**というRNAによって，次々と運ばれてきます。1つのtRNAは1つのアミノ酸だけを運んできます。

tRNAは，コドンと対になる配列である**アンチコドン**をもっています（❷）。コドンとアンチコドンが結合することで，指定されたアミノ酸が正しく運ばれてくることになります。

アミノ酸は直前に運ばれていたアミノ酸と結合して連なり，DNAの遺伝情報通りのタンパク質ができます（❸）。

転写された遺伝情報をアミノ酸の配列に読みかえる過程を**翻訳**といいます。

3

・転写…DNAから RNA が作られる過程。

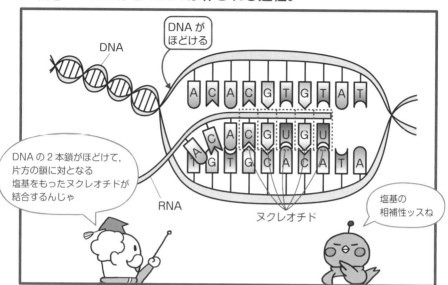

・翻訳…RNAの情報をもとにアミノ酸が指定される過程。

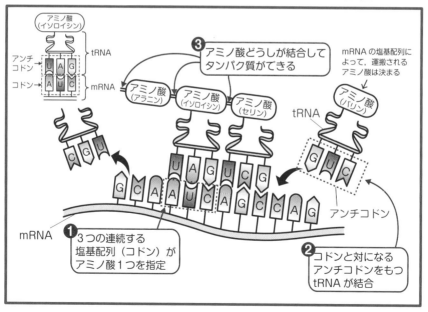

3-7　遺伝暗号表

ココをおさえよう！

mRNAのコドンとアミノ酸の対応表を，遺伝暗号表という。

mRNAは3つの塩基配列がひと組となって，1つのアミノ酸を指定しているんでしたね。

では，どの配列がなんのアミノ酸を指定しているのでしょうか。

3つひと組の塩基配列を**トリプレット**といいます。このトリプレットはまるで暗号のようなので，**コドン**（＝暗号）と呼ばれています。

このコドンとアミノ酸の対応を一覧にしたものを，**遺伝暗号表**といいます。

 補足 なぜ，3つの塩基配列が，1つのアミノ酸を指定しているのでしょうか？

もし，「1つの塩基が1つのアミノ酸を指定する」と仮定すると，塩基の種類は4種類なので，指定できるアミノ酸も**4通り**となります。タンパク質を構成するアミノ酸は20種類あるので，これでは足りません。

また，「2つの塩基が1つのアミノ酸を指定する」と仮定した場合，指定できるアミノ酸は $4 \times 4 = $ **16（通り）** となります。これでも20種類には足りませんね。

実際には，3つの塩基が1つのアミノ酸を指定しているため，指定できるアミノ酸は $4 \times 4 \times 4 = $ **64（通り）** となり，20種類のアミノ酸をすべて指定することができるのです。

うまくできているものですね。

〈遺伝暗号表〉

1番目の塩基	2番目の塩基				3番目の塩基
	U	C	A	G	
U	UUU〕フェニル UUC〕アラニン UUA〕ロイシン UUG	UCU UCC〕セリン UCA UCG	UAU〕チロシン UAC UAA〕(終止) UAG	UGU〕システイン UGC UGA　(終止) UGG　トリプトファン	U C A G
C	CUU CUC〕ロイシン CUA CUG	CCU CCC〕プロリン CCA CCG	CAU〕ヒスチジン CAC CAA〕グルタミン CAG	CGU CGC〕アルギニン CGA CGG	U C A G
A	AUU AUC〕イソロイシン AUA AUG　メチオニン(開始)	ACU ACC〕トレオニン ACA ACG	AAU〕アスパラギン AAC AAA〕リシン AAG	AGU〕セリン AGC AGA〕アルギニン AGG	U C A G
G	GUU GUC〕バリン GUA GUG	GCU GCC〕アラニン GCA GCG	GAU〕アスパラギン酸 GAC GAA〕グルタミン酸 GAG	GGU GGC〕グリシン GGA GGG	U C A G

64通りもあるから
1つのアミノ酸に対して
いくつかのコドンが
ある場合もあるんだな

AUGはメチオニンを指定するだけでなく，
タンパク質合成開始の合図でもあるぞい
「終止」というのは，タンパク質の合成を
終了しなさいという意味じゃ

補足　3つの塩基で1つのアミノ酸を指定しているのはなぜ？

1つの塩基で1つのアミノ酸では4通りのアミノ酸しか指定できない。
2つの塩基で1つのアミノ酸では16通りのアミノ酸しか指定できない。
3つの塩基で1つのアミノ酸なら64通りのアミノ酸が指定できる！

ここまでやったら
別冊 P.16へ

3-8 参考 遺伝子の正体　〜研究の歴史〜

ココをおさえよう！

かつては「遺伝子の正体はタンパク質である」という説が優勢だったが，DNAであることが証明されていった。

舞台は20世紀初頭。

当時,遺伝子の正体は謎のベールに包まれていたのですが,唯一「染色体上にある」ということだけはわかっていました。染色体の主成分はタンパク質とDNAであることまではわかっていたので，どちらかが遺伝子の正体です。

優勢だったのは「タンパク質派」でした。タンパク質は種類が豊富だったので，生物の情報という莫大で複雑な情報を，DNAという単純な構造の物質が持てるはずはない，と考える人が多かったのです。

最終的に，遺伝子の正体がDNAだと判明するまでには長い道のりがあったのですが，ギュッと凝縮してお伝えしましょう。

まず，グリフィスによる実験で，遺伝子の正体は熱に強いことがわかりました。タンパク質は熱に弱いので，結果はDNAが遺伝子の可能性であることを示唆していました。

さらにエイブリーは，タンパク質の分解酵素，DNAの分解酵素を使った実験をし，DNAは形質を変える（＝形質転換させる）力のある物質であると突き止めました。しかし，決定的な証拠とはなりませんでした。

決着をつけたのはハーシーとチェイスでした。彼らはT2ファージという，タンパク質とDNAからなるウイルスを使った実験で，DNAが遺伝子の正体であることを突き止めたのです。

詳しいことは省略しましたが，ここでは「遺伝子の正体がDNAであることを突き止めるには，長い道のりがあったこと」がわかっていただければ十分です。

「遺伝情報は DNA にある」ことが発見されるまでの歴史

・優勢だったのは「タンパク質派」

生物の情報なんていう大きくて複雑なデータが、DNA みたいな単純な構造の物質に保存できるわけないだろー!!

・グリフィスの実験

熱に強い何かしらの物質が遺伝子であることが実験でわかった

遺伝子は DNA なのでは？

タンパク質は熱に弱いはずじゃ！ タンパク質が遺伝子であるはずがない！ DNA が遺伝子じゃ！

・エイブリーらの実験

形質転換を起こすのは DNA でしたよ

おおやはりそうでしたか

それでも DNA が遺伝情報を保持できるとは考えられん!!

DNA がなくては形質転換が起きなかったんじゃ… DNA が遺伝子の正体じゃよ

・ハーシーとチェイスの実験

DNA が遺伝子の正体でした

これで決まりですね

ハーシー　チェイス

ボクも DNA だと見ってたんだよ

さーて飯でも食いに行くか

スタコラ

よっしゃ！

ピー！

ここまでやったら

別冊 P.18 へ

3-9　セントラルドグマ

ココをおさえよう！

遺伝情報は「DNA→RNA→タンパク質」という一方向に伝達
されるという原則を，セントラルドグマという。

復習ですが，DNAからタンパク質が作られる流れは以下のようになっていました。

DNAからRNAが作られ（転写），
RNAの塩基配列にしたがってアミノ酸が指定される（翻訳）。
アミノ酸が多数結合して，タンパク質になる。

このように，**遺伝情報は原則として，「DNA→RNA→タンパク質」と，一方向
に流れます**。これは，「タンパク質がDNAに影響を及ぼすことはない。DNAのもっ
ている情報がタンパク質を左右するんだ」ということをいっています。

このような原則を，**セントラルドグマ**と呼びます。

 セントラルとは「中心」，ドグマとは「教義」という意味です。すなわち，「DNA→RNA→
タンパク質」の順に遺伝情報が流れることは，**生物学的な中心原理**であるということ
です。

遺伝情報が一方向にのみ流れるということは，生物学的な大原則であると考え，「そ
んなに大事な原理なら名前を付けよう！」ということで，セントラルドグマなん
ていう仰々しい名前が付けられたのです。

DNA からタンパク質が作られる流れ

DNA $\xrightarrow{転写}$ RNA $\xrightarrow{翻訳}$ アミノ酸 ⟶ タンパク質

セントラルドグマ

…DNA からタンパク質が作られる際,
遺伝情報は DNA からタンパク質に,
一方向に伝えられるという原理。

DNA ⟶ RNA ⟶ タンパク質

そのとき遺伝情報は…?

DNA ⟶ RNA ⟶ タンパク質

逆戻りしない！

補足

<u>セントラルドグマ</u> … 「生物学における大原則」
　中心　　教義

というような意味じゃ

これは生物学における
大原則に違いない！
これを セントラルドグマ
と名付けよう！

またアヤシイ科学者が
おるぞ

ここまでやったら

別冊 P. 19 へ

3-10　遺伝子の発現とその調整

> **ココをおさえよう！**
>
> 個体の体細胞は，基本的にすべて同じ**DNA**をもつが，成長の段階や組織によって異なる細胞が生成される（細胞の分化）。
> これは成長の段階や組織によって発現する遺伝子が異なり，合成されるタンパク質が異なっていることが原因である。

ヒトをはじめとする多細胞生物は，多数の細胞からできています。
そして，それぞれの細胞では，成長の段階や組織によって，さまざまなタンパク質が合成されます。例えば，次のようにです。

　　☆**筋肉を構成する筋細胞：アクチンやミオシン**
　　☆**赤血球：ヘモグロビン**
　　☆**すい臓の細胞：ホルモン**
　　☆**白血球：抗体**

しかし，それぞれの細胞は，もともとは1つの受精卵でした。それが細胞分裂を繰り返すことでできたものです。
つまり，**原則としてすべての細胞は同じ遺伝情報をもっている**のです。

では，なぜ「同じ遺伝情報をもっているのに，筋肉や赤血球などといった異なる形質の細胞ができ，異なるタンパク質が合成される」のでしょうか？

 ちなみに，遺伝情報をもとにタンパク質が作られ，特定の形質が現れることを，**形質発現（発現）**と呼びます。

多細胞生物の細胞はすべて同じ遺伝情報をもっている。

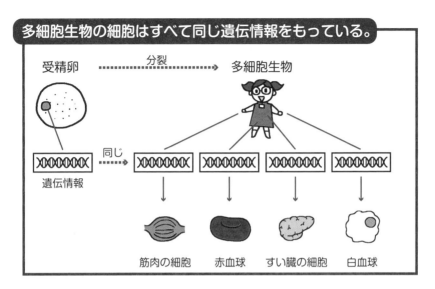

形質発現（発現）　…遺伝情報をもとにタンパク質が作られ，生物の形質が現れること。

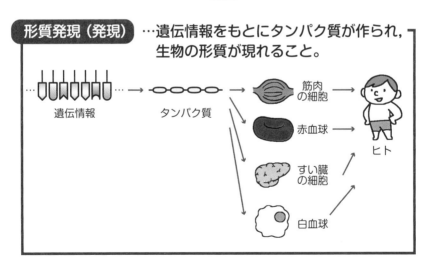

さて，ここで「DNA」と「遺伝子」という言葉の関係性について，ちゃんと説明
しておきましょう。

・DNAのすべてが遺伝子というわけではない

ここまでで「遺伝子の正体はDNAである」と説明してきましたが，DNAのすべて
が遺伝子というわけではありません。

遺伝情報というのは，DNAの塩基配列として記されています。

DNAが1本のものすごく長い紙で，その紙にA，T，G，Cの4種類の塩基が
AGCGGCTTATCG……と，ずっと記されているイメージです。

そのたくさん書かれているDNAの塩基のうち，すべてが遺伝子というわけではな
く，**塩基の並びのうち，遺伝子として情報を伝達する役割を果たす並びもあれば，
そのような役割をもたない並びもある**のです。

（アルファベットを特定の並べ方をすると単語になりますが，ランダムに並べても
意味をなさないのと同じです）

・ヒトの遺伝子の数は約2万500！

遺伝子の数は，ヒトの場合，約2万500といわれています。

DNAという長い塩基配列の中で，遺伝子①，遺伝子②，遺伝子③，……，という
ように遺伝子としてはたらく塩基配列のまとまりが，点在しているのです。

・さまざまな遺伝子によって，さまざまなタンパク質が合成される

遺伝子の塩基配列が転写されてRNAが作られ，翻訳されてアミノ酸に置き換わり，
アミノ酸が連結することでタンパク質ができます。

遺伝子の種類は多数あるので，できるタンパク質も多数あります。

このように，**遺伝子の情報によってタンパク質ができることを，その遺伝子が「発
現する」**といいますので覚えておきましょう。

3

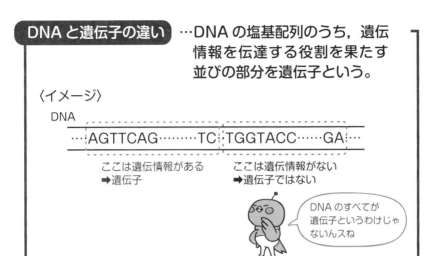

DNA と遺伝子の違い …DNA の塩基配列のうち，遺伝情報を伝達する役割を果たす並びの部分を遺伝子という。

〈イメージ〉

DNA

···AGTTCAG·········TC TGGTACC······GA···

ここは遺伝情報がある
➡遺伝子

ここは遺伝情報がない
➡遺伝子ではない

DNA のすべてが遺伝子というわけじゃないんスね

・**遺伝子はたくさんある。**

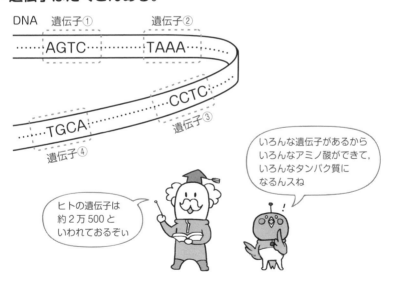

DNA　遺伝子①　　遺伝子②

····AGTC····　TAAA···

CCTC

遺伝子③

TGCA

遺伝子④

いろんな遺伝子があるからいろんなアミノ酸ができて，いろんなタンパク質になるんスね

ヒトの遺伝子は約2万500といわれておるぞい

では，ここでユスリカの染色体について見てみましょう。
（遺伝子の発現をわかりやすく観察できる例として，ユスリカやキイロショウジョウバエのだ腺染色体がよく用いられます）
染色体はタンパク質とDNAで構成されるのでしたね。

・ユスリカの幼虫のだ腺染色体を観察してみる

ユスリカの幼虫の**だ腺染色体**をよく観察してみると，ところどころに**パフ**と呼ばれる，ふくらんだ部分が見られます。パフは，**遺伝子が活発に転写され，mRNAが合成されている部分**です。

実は，パフができる染色体上の位置は，**成長過程によって異なっている**ようなのです。つまり，DNAに含まれるすべての遺伝が同時に発現するのではなく，**成長の段階や組織によって，発現する遺伝子が異なり，合成されるタンパク質が異なっている**ということなのです。

・続いて，ヒトの染色体に注目してみる

このように，多細胞生物の細胞は，その種によって基本的にすべて同じ遺伝情報をもってはいますが，成長する過程や組織によって，発現する遺伝子が異なり，合成されるタンパク質が異なります。

こうして細胞は，成長の過程や組織により，特定の形やはたらきをもつようになります。

これを**細胞の分化**といいます。

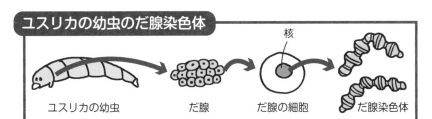

ユスリカの幼虫のだ腺染色体

ユスリカの幼虫　　だ腺　　だ腺の細胞　　だ腺染色体

核

パフ …転写が活発に行われている部分。成長過程によって位置が異なる。

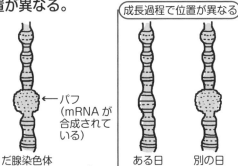

成長過程で位置が異なる

← パフ
（mRNA が
合成されて
いる）

だ腺染色体

ある日　　別の日

ユスリカの幼虫の
だ腺染色体は
遺伝子の発現を
観察しやすいぞぃ

転写は,
DNA から RNA
が作られること
だったッス

ヒトの組織でも，成長する過程や組織によって，発現する遺伝子が異なる。

例 組織によって,細胞が発現する遺伝子が異なり,作られるタンパク質も異なる。

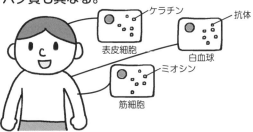

ケラチン

表皮細胞

抗体

白血球

ミオシン

筋細胞

細胞は，成長の過程や組織により，特定の形やはたらきをもつようになる。➡細胞の分化

ここまでやったら

別冊 p.**20**へ

3-11　遺伝情報の分配①

・・・・・・・・・・・・・・・・・・・・・・・・・・・・・・・・・・・・・・・

ココをおさえよう！

体細胞分裂に伴い，**DNAは複製される**。
このときのしくみを**半保存的複製**と呼ぶ。

ここまで，DNAからタンパク質が作られる過程を説明してきました。
本章の大きな山を一つクリアしたわけですが，ここからがもう一つの山です。

改めて，DNAが親から子に引き継がれるところに戻ってみます。

父の精子に1組 (23本) の染色体，母の卵に1組 (23本) の染色体が含まれており，
受精することで46本の染色体をもつ受精卵になります。受精卵は体細胞分裂を繰
り返し，数十兆個の細胞からなる私たちの体となります。

では，体細胞分裂に伴って，DNAはどのように複製されるのでしょうか？

・半保存的複製する

例え話をしましょう。
ここに，大繁盛のたいやき屋さんがあります。しかし，たい焼きの鋳型が足りま
せん。鋳型を増やすためには，鋳型とたい焼きに分け，鋳型からたい焼きを，た
い焼きから鋳型を作っていけば，たくさんの鋳型を正確に作ることができるわけ
です。

同様に，DNAも同じものを正確に作るため，2本のヌクレオチド鎖のうち1本を
鋳型として，もう片方のヌクレオチド鎖を作っていきます。これを**半保存的複製**
と呼びます。**元のヌクレオチド鎖は保存したまま，新しいヌクレオチド鎖を作っ
ていく**からこのように呼ばれています。

①DNAから
タンパク質が
作られる過程

これは
要チェックじゃ!

暗い…

②DNAが
複製される
過程

3

これから勉強すること

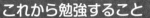

精子　卵　→　受精卵　→ → →

体細胞分裂の際,
DNAはどのように複製するか?

大繁盛のたいやき屋の話

鋳型が
足りない
なぁ…

たいやき

鋳型

たいやきから
鋳型を作る

鋳型から
たいやきを作る

たいやきから
鋳型

鋳型から
たいやき

たいやきから
鋳型

鋳型から
たいやき

DNAの半保存的複製

元のDNA

ヌクレオチド鎖1

ヌクレオチド鎖2

複製されたDNA

ヌクレオチドが結合

ヌクレオチド鎖1

新しい
ヌクレオチド鎖

新しい
ヌクレオチド鎖

ヌクレオチド鎖2

ここまでやったら

別冊 p.21 へ

3-12　遺伝情報の分配②　〜細胞周期〜

ココをおさえよう！

細胞は周期的に分裂期と間期を迎え，分裂期に体細胞分裂している。

体細胞分裂をミクロな視点で見てみると，DNAが半保存的複製によって複製されていることがわかりました。もう少しマクロな視点で見てみることにしましょう。

つまり，細胞単位で，どのように体細胞分裂が行われているのでしょうか？

・分裂期と間期
細胞は絶えず体細胞分裂をしているわけではありません。
細胞には**分裂期**と**間期**があり，間期のほうが長く，分裂期にだけ体細胞分裂をします。

1つの細胞は1回だけ体細胞分裂するわけではなく，何度も分裂しては休憩するということを周期的に繰り返しています。このような細胞のもつ周期性を，**細胞周期**と呼びます。

分裂期を詳しく見てみると，**「前期」**・**「中期」**・**「後期」**・**「終期」**からなることがわかっています。

補足　分裂期は**M期**とも呼ばれます。
M は Mitosis（有糸分裂）の略です。

間期も詳しく見てみると，**「G₁期」**，**「S期」**，**「G₂期」**からなることがわかっています。

それぞれについて，詳しく見ていきましょう。

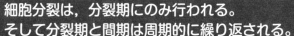

細胞分裂は，分裂期にのみ行われる。
そして分裂期と間期は周期的に繰り返される。

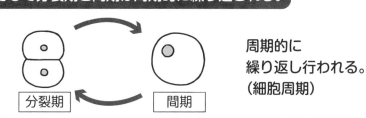

周期的に
繰り返し行われる。
（細胞周期）

分裂期　間期

分裂期はさらに，前期・中期・後期・終期に分けられる。

分裂期がさらに4つの時期に分けられるんッスね

後期 → 終期
中期　分裂期
前期　間期

間期は，分裂期以外の時期のことで，
G_1 期・S 期・G_2 期に分けられる。

G_1 期：DNA 合成準備期
S 期：DNA 合成期
G_2 期：分裂準備期
だぞい

後期 → 終期 → G_1 期
中期　分裂期　間期　S 期
前期　G_2 期

まとめると…

細胞周期

あ，わかりやすい！
そういうこと
だったんッスね!!

前期　中期　後期　終期
分裂期（M 期）
G_2 期　　G_1 期
間期
S 期

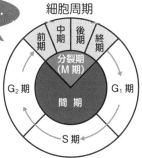

3-13 遺伝情報の分配③ ～細胞周期の詳細～

ココをおさえよう！

間期と分裂期のそれぞれの特徴を覚えよう。

間期と分裂期のそれぞれについて，くわしく見てみましょう。
まずは間期についてです。

■ 間期

間期は，G₁期，S期，G₂期の3つに分けられるのでしたね。
それでは，3つについてそれぞれくわしく見ていきましょう。

・G₁期

「DNA合成準備期」とも呼ばれる，**細胞分裂の終了～S期開始までの期間**のことです。

・S期

「DNA合成期」とも呼ばれる，**DNAが複製される**期間です。

分裂期で2つに分かれるため，DNA量が半減してしまいますから，この**S期で2倍に増やしておき，細胞分裂のために備えている**のです。

・G₂期

「分裂準備期」とも呼ばれる，**S期終了～分裂開始までの期間**のことです。

S期でDNA量を倍増させ，分裂期を迎えるのを待っているのです。

 GはGap（間），SはSynthesis（合成）の略です。

3

間期について勉強しよう！

間期には G_1 期，S 期，G_2 期がある。

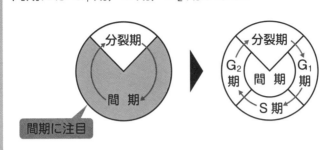

間期に注目

● G_1 期…「DNA 合成準備期」とも呼ばれる，細胞分裂終了〜S 期開始までの期間。

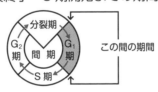

この間の期間

● S 期…「DNA 合成期」とも呼ばれる，DNA が複製される期間。

▶ DNA 量が 2 倍になる

● G_2 期…「分裂準備期」とも呼ばれる，S 期終了〜分裂開始までの期間。

この間の期間

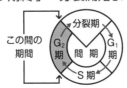

続いて分裂期を見ていきましょう。
まずは核が2つになる**核分裂**が起こり，その後，2つの細胞に分かれる**細胞質分裂**が起きて，細胞分裂が完了しますよ。

■ **分裂期**

① **前期**

核膜が消失します。また，間期では明確に観察されなかった核内の染色体が，**糸状から太く短くなります。**

② **中期**

染色体が**赤道面**に並ぶため，染色体を最も観察しやすい時期です。

 中期には，細胞の両極にある**中心体**から，糸状の**紡錘糸**という構造が伸びてきます。紡錘糸は染色体に付着し，**紡錘体**と呼ばれる構造を形成します。

③ **後期**

それぞれの染色体が2つに分離して，両極に移動する時期です。

 紡錘糸に引かれて，染色体は両極に向かって移動していきます。

④ **終期**

染色体の移動が完了したところから始まります。
染色体は再び細い糸状になり，核膜に包まれます。ここで，**核分裂が終了**します。
続いて赤道面にくびれができて**細胞質分裂**が起こり，2つの細胞となります。

こうして，分裂前の細胞（**母細胞**）から，新しく2つの細胞（**娘細胞**）が生じるのです。以上が，細胞周期1周分の流れです。

 終期にくびれができるのは動物細胞の場合です。植物細胞では，細胞板が形成されます。

注意すべきは，母細胞も娘細胞も同じ数の染色体をもっているということです。
細胞分裂の最中に母細胞の染色体が複製（コピー）され，その後，2つに分離するためです。**細胞分裂の前後で，1つの細胞に含まれる染色体の本数は変わらない**ことを覚えておきましょう。

分裂期について勉強しよう！

次は分裂期に
注目するぞい

・核分裂

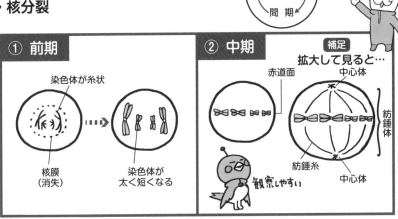

① 前期

染色体が糸状

核膜
（消失）

染色体が
太く短くなる

② 中期

補足
拡大して見ると…

赤道面　　　中心体

紡錘体

紡錘糸

中心体

観察しやすい

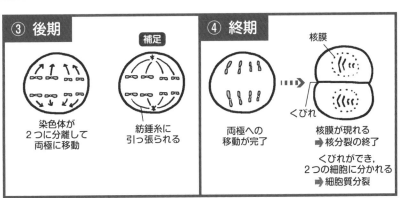

③ 後期

染色体が
2つに分離して
両極に移動

補足

紡錘糸に
引っ張られる

④ 終期

核膜

くびれ

両極への
移動が完了

核膜が現れる
➡ 核分裂の終了

くびれができ，
2つの細胞に分かれる
➡ 細胞質分裂

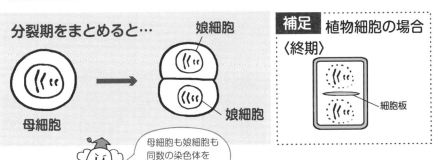

分裂期をまとめると…

娘細胞

母細胞

娘細胞

母細胞も娘細胞も
同数の染色体を
もっておるぞい

補足　植物細胞の場合
〈終期〉

細胞板

3-14   遺伝情報の分配④   〜細胞周期とDNA量の変化〜

ココをおさえよう！

G₁期の核1個あたりのDNA量を1としたとき，S期で倍増して2となり，分裂期終期が終わった段階で1に戻る。

細胞分裂の前後では，1つの細胞に含まれる染色体の数は変わらないのでした。
次は，DNAの量に注目しましょう。
細胞分裂の過程では，DNA量の変化が見られます。

① **G₁期**：間期が始まるG₁期をスタートとしましょう。
　ここでの核1個あたりのDNA量を1とします。

② **S期**：G₁期で1だったDNA量は，**S期に2倍**の2になります。S期は「DNA合成期」と呼ばれているように，細胞分裂に備えて，DNA量を倍増させるのです。

③ **G₂期**：S期でDNA量が2になったまま維持されます。あとは，分裂が始まるのを待つばかり。

④ **分裂期**：分裂期の前期〜終期にかけては，核1個あたりのDNA量は2のままですが，最終的には2つの細胞に分裂して，核も2個になるため，**終期が終わると核1個あたりのDNA量は1に戻ります**。こうして，再びG₁期（①）に戻ります。

DNA量という視点から，細胞分裂の過程について見てみよう。

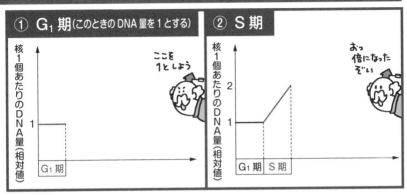

① G₁期（このときのDNA量を1とする）

② S期

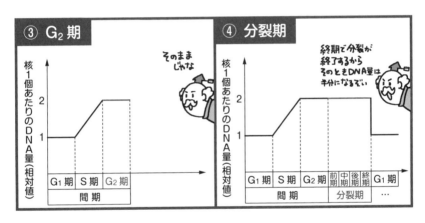

③ G₂期

④ 分裂期

①〜④が繰り返されるんッスね

ここまでやったら 別冊 P.22 へ

3-15 ゲノム

ココをおさえよう！

ゲノムとは，その生物の染色体がもつ全遺伝情報のこと

これまで「遺伝子」「DNA」といった言葉が出てきましたが，今度は「ゲノム」です。またよくわからない言葉が出てきたと思っているでしょう。

ゲノムとは，その生物の染色体がもつ全遺伝情報のことをいいます。

ヒトでいうと，精子に染色体が23本，卵に染色体が23本含まれているのですが，この23本の染色体それぞれに全遺伝情報が含まれていることがわかっています。よって，

「ヒトの精子は1組のゲノムを持っている」
「ヒトの卵は1組のゲノムを持っている」
「ヒトの体細胞は2組のゲノムを持っている」

と表現できます。

さて，ゲノム解析という言葉を聞いたことがあるでしょうか？　その生物の全遺伝子情報を解析することを意味しますが，何をもって全遺伝情報なのかがわからなければ，どこまで解析すべきかがわからないですよね。それがヒトの場合，23本の染色体だということなのです。

 ヒトゲノムの解読は，2003年に完了が宣言されましたが，実際には解読困難な部分が8%残っています。

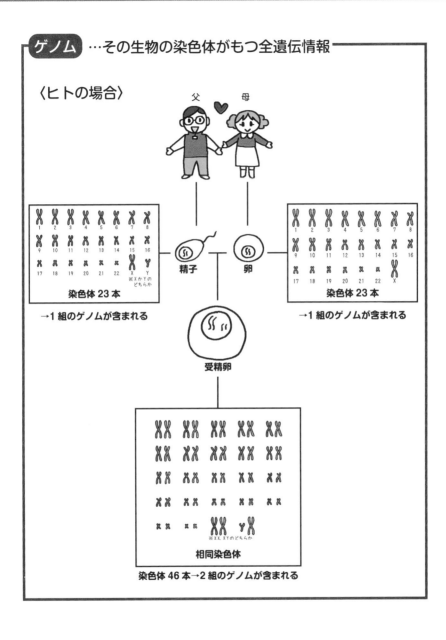

ゲノム …その生物の染色体がもつ全遺伝情報

〈ヒトの場合〉

父　母

精子　卵
染色体23本
→1組のゲノムが含まれる

染色体23本
→1組のゲノムが含まれる

受精卵

相同染色体
染色体46本→2組のゲノムが含まれる

126

理解できたものに，☑チェックをつけよう。

- [ ] 生物の形態や性質（形質）を子に伝え遺すことを遺伝という。

- [ ] 遺伝情報はDNA（デオキシリボ核酸）という物質に存在する。

- [ ] アミノ酸が多数結合してタンパク質になる。

- [ ] タンパク質は酵素やホルモンなどのもとであり，生命活動に必要不可欠な物質である。

- [ ] DNAはリン酸と糖（デオキシリボース）と塩基からなる。

- [ ] DNAを構成する塩基には，A（アデニン），T（チミン），G（グアニン），C（シトシン）の4種類がある。

- [ ] リン酸と糖，塩基が1つずつくっついたものをヌクレオチドという。

- [ ] ヌクレオチドが連なったものをヌクレオチド鎖という。

- [ ] DNAは2本のヌクレオチド鎖からなる物質で，二重らせん構造をしている。

- [ ] RNA（リボ核酸）を構成するヌクレオチドの糖はリボースである。

- [ ] RNAの塩基は，A，U（ウラシル），G，Cの4種類である。

- [ ] 塩基には，AはT（U）と，GはCとしか結合しない相補性という性質がある。

- [ ] DNAからRNAが作られる過程を，転写という。

- [ ] RNAの情報をもとにアミノ酸が指定される過程を，翻訳という。

- [ ] タンパク質の情報をもつRNAをmRNA（伝令RNA）という。

- [ ] tRNA（運搬RNA）は，コドンが指定するアミノ酸を運んでくる。

- [ ] 遺伝暗号表とは，コドンとアミノ酸の対応関係を一覧にまとめたものである。

3

☐ ハーシーとチェイスは，T_2ファージを用いた実験により，遺伝子の正体がDNAであることを証明した。

☐ 遺伝情報は「DNA→RNA→タンパク質」という一方向に伝達されるという原則をセントラルドグマという。

☐ 遺伝情報をもとにタンパク質が作られ，生物の形質が現れることを形質発現（発現）という。

☐ 遺伝子の情報によりタンパク質が合成されることを「遺伝子が発現する」という。

☐ 細胞が，成長の過程や組織により，特定の形やはたらきをもつようになることを，細胞の分化という。

☐ DNAは半保存的複製によってコピーされる。

☐ 細胞には分裂期と間期があり，細胞分裂は分裂期に行われる。

☐ 分裂期は「前期」・「中期」・「後期」・「終期」からなり，間期は「G_1期」・「S期」・「G_2期」からなる。

☐ 前期では核膜が消失し，染色体が糸状から太く短くなる。

☐ 中期では染色体が赤道面に並ぶ。

☐ 後期では染色体が2本に分離し，両極に移動する。

☐ 終期では染色体が細い糸状になり，核膜に包まれる。

☐ 細胞分裂の前後で，1つの細胞に含まれるDNAの量は変わらない（倍になって分裂するため）。

☐ その生物のもつ全遺伝情報をゲノムという。

環境変化への対応

Chapter

4 環境変化への対応

はじめに

生物には，体内環境を一定に保とうとするしくみが備わっています。

例えば，沖縄と北海道では，平均気温の差は約20度もありますが[※]，
沖縄の人が北海道に行った瞬間，寒さで死んでしまうということはありません。
暑いときは体温を上げないように，寒いときは体温を上げるように，体が調節し
ているからです。

たくさん勉強したあとは血糖濃度が下がりますが，ぶっ倒れることはありません。
血糖濃度を一定に保とうと体が調節しているからです。

また，私たちの身の回りには，多くの病原体があります。でも，そう簡単に病気
になったりしません。病原体に感染したときにはそれを排除するよう，体が対応
しているからです。

Chapter 4では，生物がどのようにして，体の状態を維持しているかについて，
勉強していきます。

この章で勉強すること

・体液
・神経とホルモン
・生体防御

※札幌市と那覇市の1月における，1981年〜2010年の平均気温を比較。

131

生物には，体内環境を一定に保とうとする
しくみが備わっている。

4-1 環境変化への対応に重要なもの

ココをおさえよう！

すべての生物は，体外や体内の環境変化に対応して生きている。

すべての生物は，体外や体内の環境変化に対応して生きています。キーワードは次の3つです。Chapter 4 ではこれらについて勉強していきますよ。

・体液

ほ乳類をはじめとする動物は，変化の激しい環境に置かれても，体を構成している細胞は安定的に生命活動を行っています。

これは，動物の体内が**体液**（血液・組織液・リンパ液の総称）で満たされていて，細胞が直接，体外の環境変化を受けなくてすむからなのです。

 単細胞生物は，外界の変化を直接受けています。

・神経とホルモン

体内が体液で満たされているからといって，体の機能が何もはたらかないと，すぐに生物は不調におちいってしまいます。

例えば，外が寒くなったら，体内ではそれに応じていろいろな器官が対応しています。

ヒトを例に考えると，環境の変化に関する情報は脳に伝わります。そして，脳はどのように対応するか，各器官に指示を出します。つまり，情報伝達が行われるのです。

情報伝達には，神経やホルモンが関係しています。

・生体防御

身の回りに存在する病原体などの異物が，体に侵入するのを防いだり，侵入したものを排除したりする必要もありますね。生物に備わっている生体防御システムについても，勉強していきますよ。

それではさっそく始めましょう！

生物は，体外や体内の環境変化に対応して生きている

次の3つのキーワードについて勉強するぞい

・体液

外界の変化を直接受けないのは，体内が<u>体液</u>で満たされているから。

外界と細胞・組織が直接触れていないということじゃな

・神経とホルモン

環境の変化を脳に伝えたり，脳が各所に指令を出す必要がある。

神経が関係するものやホルモンが関係するものがあるッス

体内環境の調節には，情報伝達のしくみが必要じゃな

・生体防御

病原体などの異物が体内に侵入することを防いだり，侵入したものを排除したりする。

生物の体ってよくできてるんッスね

4-2 体内環境と恒常性

ココをおさえよう！

生物にとって体内環境（内部環境）は重要。体内環境を一定に保
とうとする性質を，恒常性（ホメオスタシス）という。

・快適に過ごせるかどうかは，室外環境でなく室内環境で決まるように…

室外がどんなに暑くても，室内の温度を調節すれば，快適に暮らすことができます。
（地球温暖化問題については別途考えなくてはいけないのですが……）

このように，人間にとって，快適に過ごせるかどうかという観点でいえば，室外
の環境よりも，室内の環境のほうが重要です。

同じことが，生物の体内でもいえます。

・生物にとって体内環境は重要

ヒトは外部の環境（体外環境，外部環境）から，さまざまな影響を受けて生活して
います。気温や塩類濃度，病原体などがこれにあたります。

しかし，ヒトでは，ほとんどの細胞が体液と呼ばれる液体に浸されています。
ですから，細胞が直接，体外環境に触れることは基本的にありません。

体液は細胞にとっての環境ですので，**体内環境**（**内部環境**）と呼ばれます。
体外環境がどのように変化しても，生物にとっては，体内環境さえ一定に保って
いれば問題ないのです。

4

- 人間にとって重要なのは室内環境であるように…

室外がどんなに暑かろうと…

室内が快適なら問題がないように…

- 生物にとって体内環境は重要

気温
病原体
塩類濃度

体外がどんな環境だろうと…

まぁ体内環境が一定なら大丈夫だろ

体液

体内環境を一定の状態に保っていれば問題ない。

体内環境とは主に体液のことじゃよ

補足　単細胞生物は，体外環境に直接触れている。

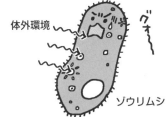

体外環境

ゾウリムシ

外の環境から影響を受けている！

・体内環境（主に体液の状態）を一定に保つはたらきを，恒常性という

細胞を，体外環境の直接的な影響から守るためには，体外で何か変化があったとしても体内環境を一定に保つことが大事です。

体内環境とは，体温や塩類（ナトリウムやカリウムなど）濃度・酸素濃度・グルコース濃度などのことです。

ヒトには，体内環境を一定に保とうとするはたらきが備わっていて，
このはたらきを，**恒常性（ホメオスタシス）**と呼びます。

恒常性という性質をもっていなければ，ヒトは外界の環境に大きな影響を受け，
正常な生命活動を行うことができません。

例えば，北海道の寒さの中で雪祭りを楽しむことはできませんし，海に入れば水分がすっかり抜かれてしまいますし，風邪を引いたらそのまま死んでしまう……ということになってしまいます。

環境の変化はなかなか目に見えないものですが，
私たちが当たり前のように生きていられるのは，恒常性のおかげなのです。

・体内環境（主に体液の状態）を一定に保つはたらきを，恒常性という。

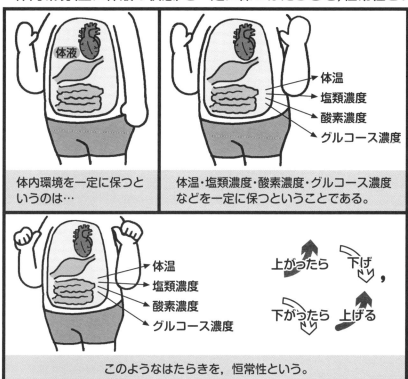

体内環境を一定に保つというのは…	体温・塩類濃度・酸素濃度・グルコース濃度などを一定に保つということである。

このようなはたらきを，恒常性という。

恒常性がないと…

低温で酵素がはたらかなくなる

水分が体外に抜ける

風邪で死ぬ

知らないところで体は頑張ってくれてたんッスね

そうじゃよ感謝せねばな

4-3　体液とその循環

ココをおさえよう！

体液とは，血液・組織液・リンパ液のこと。
それぞれの液体は体内を循環している。

体内環境を整えるのに体液はとても大事なわけですが，そもそも，体液とは何なのでしょうか？

・体液とは，血液・組織液・リンパ液のこと

脊椎動物の体液は，血管内を流れる**血液**，細胞どうしの間を満たす**組織液**，リンパ管（p.152）の中を流れる**リンパ液**に分けられます。この3つをまとめて，体液と呼んでいます。

・血液・組織液・リンパ液の関係

血液・組織液・リンパ液は，まったく別の液体というわけではありません。

心臓によって押し出された血液が，血管の末端である毛細血管に達すると，
血液の液体成分である血しょうの一部が，血管外にしみ出します。

このしみ出した液体が，組織液です。

組織液の大半は，細胞間を移動したあと，再び毛細血管に戻って静脈血になるのですが，一部はリンパ管内に入り込みます。

この，リンパ管内に入り込んだものが，リンパ液です。

そしてリンパ管は静脈につながっており，リンパ液は血液と合流します。
このように，血液・組織液・リンパ液は，**常に体内を循環**しているのです。

4

・体液とは，血液・組織液・リンパ液のこと

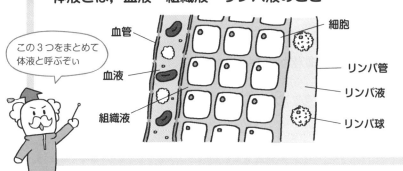

この３つをまとめて
体液と呼ぶぞい

血管
血液
組織液
細胞
リンパ管
リンパ液
リンパ球

・血液・組織液・リンパ液の関係

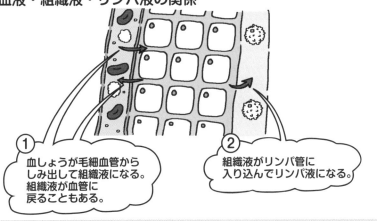

① 血しょうが毛細血管から
しみ出して組織液になる。
組織液が血管に
戻ることもある。

② 組織液がリンパ管に
入り込んでリンパ液になる。

・体液は体内を循環する

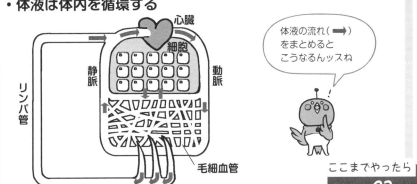

心臓
細胞
静脈
動脈
リンパ管
毛細血管

体液の流れ（ ➡ ）
をまとめると
こうなるんッスね

ここまでやったら

別冊 P.23 へ

4-4　血液①　～血しょう～

> **ココ**をおさえよう！
>
> 血液は，血しょうと血球からなる。

体液の1つ，血液について見てみましょう。

・血液の成分

血液は，液体成分（55%）である**血しょう**と，細胞成分（45%）である**血球**（赤血球，白血球，血小板）からなります。

・血しょうはさまざまな物質の運び屋

血しょうの90%以上が水からなり，無機塩類や，タンパク質・グルコース・脂質などを含んでいます。粘性のある淡黄色の液体です。

血しょうは，血球やホルモン，グルコース，タンパク質などを細胞に送り届け，二酸化炭素などの老廃物をもち去るという役割をしています。

あるときは宅配便だったり，あるときは廃品回収車だったりするのですね。

ホルモンは情報伝達，グルコースは細胞の栄養分，赤血球は酸素の運搬，白血球は免疫に使われます。また，ある種のタンパク質や血小板は血液凝固に使われます。これらはみな，血しょうによって運ばれています。

4

・血液の成分

ドシーーン

ビーー
イタイー!!

出血

```
┌ 液体成分（55%）…血しょう
│
└ 細胞成分（45%）…血球
　　（＝赤血球, 白血球, 血小板）
```

・血しょうについて

血しょうの特徴	血しょうのはたらき
・90%以上が水からなる。 ・無機塩類・タンパク質・グルコース・脂質などを含む。 ・粘性のある淡黄色の液体。 	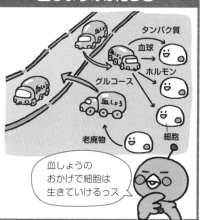 血しょうのおかげで細胞は生きていけるっス

4-5 血液② ～赤血球～

ココをおさえよう!

赤血球の主なはたらきは酸素を運ぶこと。
赤血球に含まれているヘモグロビンというタンパク質は，酸素が
多いところでは酸素と結合し，酸素が少ないところでは酸素を放
出する。

赤血球について，くわしく見てみましょう。

・赤血球

ほ乳類の赤血球には，核がありません。主なはたらきは，全身の細胞に酸素を運
ぶことです。
酸素は主に，呼吸（細胞呼吸）に使われるのでしたね（p.70）。

赤血球が酸素を運ぶことができるのは，**ヘモグロビン**という赤い色素タンパク質
をもっているからです。

ヘモグロビンには，酸素が多い（酸素分圧が高い）ところでは，酸素と結合した**酸
素ヘモグロビン**になりやすいという性質があります。

一方，酸素の少ない（酸素分圧の低い）ところでは，酸素を放出（解離）してヘモグ
ロビンに戻りやすいという性質があります。

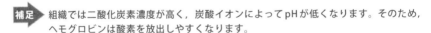

補足 ▶ 組織では二酸化炭素濃度が高く，炭酸イオンによってpHが低くなります。そのため，
ヘモグロビンは酸素を放出しやすくなります。

・赤血球について

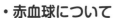

赤血球のはたらき	赤血球の成分
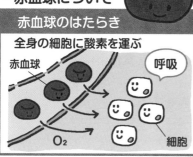 **全身の細胞に酸素を運ぶ** 赤血球／呼吸／O_2／細胞	 ヘモグロビン（タンパク質）

・ヘモグロビンの特徴

酸素が多いところ （酸素分圧が高いところ）	酸素が少ないところ （酸素分圧が低いところ）
 ス〜 O_2 ... 酸素ヘモグロビン	 フ〜ッ O_2 ... ヘモグロビン
酸素と結合して 酸素ヘモグロビンになる。	酸素を放出（解離）して ヘモグロビンに戻る。

4-6　血液③　～白血球・血小板～

> ### ココをおさえよう！
>
> 白血球は体内に侵入した病原体などの異物を食作用によって排除する。
> 血小板は，血液凝固に重要なはたらきをする。

白血球・血小板について，くわしく見てみましょう。

・白血球

白血球は，核をもっていますが，ヘモグロビンをもっていません。
（哺乳類の赤血球は，核をもっておらず，ヘモグロビンをもっています）

白血球には，**マクロファージ**（p.208）・**リンパ球**（p.152）などの種類があります。
マクロファージには，体内に侵入した病原体などの異物を捕食する**食作用**（p.208）があり，取り込んだ異物を分解して排除します。警察のように，悪者をやっつけるはたらきをするのですね。
リンパ球の中には，抗体を作るものがあります。抗体についてはp.214でくわしく学びます。

・血小板

血小板は，**血液凝固**に重要なはたらきをします。
転んで血が出てもしばらくすると血が止まるのは，血小板が真っ先に傷口に集まり，止血にかかわる物質を放出するからです。

次ページで，血液凝固のしくみについて，くわしくお話ししましょう。

・白血球について

白血球の特徴	白血球の種類

核

比較

白血球　　　　赤血球

・核あり　　　・核なし（※哺乳類）
・ヘモグロビン　・ヘモグロビン
　なし　　　　　あり |

マクロファージ
（食作用をもつ）

リンパ球

など |

頼もしい
ヤツじゃ

・血小板について

血小板のはたらき

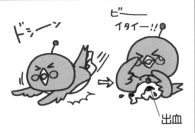

血管を損傷すると……

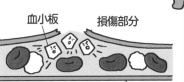

血小板　　　損傷部分

血管

損傷部分に血小板が集まってきて，
止血にかかわる物質を放出する。

次ページで
血液凝固の
しくみを解説
するぞい！

もうちょっとそのままで
いてくれ

ビー――
イタイッスー！！

4-7 血液凝固のしくみ

ココをおさえよう！

・血管の損傷部分に集まった血小板から凝固因子が放出され，
　フィブリンが形成され，血ぺいとなり，出血が止まる。
・止血すると線溶し，血ぺいが溶解する。

体液の１つである血液は，体内環境を保つために非常に重要な役割を担っています。

血管を損傷し，血液が失われると大変ですので，ヒトには自然と止血するしくみが備わっています。

どのように止血するか，見てみましょう。

・血液凝固と線溶
①血管が損傷すると，損傷部分に**血小板**が集まってきて，止血します（一次止血）。
②続いて，血小板から凝固因子が放出され，
③他の因子と反応し，**フィブリン**と呼ばれる繊維状のタンパク質が形成されます。
④網状になったフィブリンに血小板や赤血球が絡み，**血ぺい**というカタマリになります。いわゆる"かさぶた"です。

こうして出来た血ぺいが傷口をふさぎ，完全に止血します（二次止血）。
この一連の過程を**血液凝固**といいます。

血管が修復される頃になると，フィブリンを分解する酵素のはたらきで血ぺいが溶解されます。これを**線溶**（フィブリン溶解）と呼びます。

・血液を放置するだけでも，血液凝固は起こる
採血した血液を放置した場合にも，血液凝固は見られます。

採血した血液を静かに置いておくと，沈殿物である血ぺいと上澄みに分かれます。
この上澄みは**血清**と呼ばれます。

4

・**止血のしくみ**

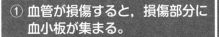
① 血管が損傷すると，損傷部分に血小板が集まる。

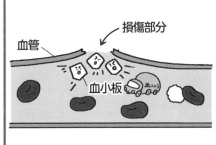

② 血小板から凝固因子が放出される。

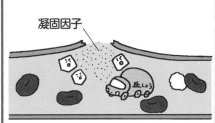

③ フィブリンと呼ばれる繊維状のタンパク質が形成される。

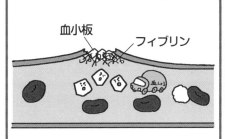

④ フィブリンに血小板や赤血球が絡み，血ぺいになる。

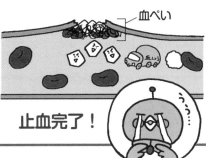

・**血液を放置するだけでも，血液凝固は起こる。**

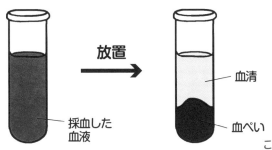

ここまでやったら

別冊 P.**23**へ

4-8 組織液・リンパ液

ココをおさえよう！

組織液は，血しょうの一部が毛細血管からしみ出したもの。
リンパ液は，組織液の一部がリンパ管に入り込んだもの。

体液は，血液・組織液・リンパ液をまとめて呼んだものでしたね。
血液についてはすでに勉強したので，残りの組織液とリンパ液について見てみましょう。

・組織液

血しょうの一部が毛細血管からしみ出し，組織液になるのでした（p.138）。

組織液は細胞間を満たして細胞に養分や酸素を供給し，二酸化炭素や老廃物を受け取ります。

・リンパ液

組織液のうちの一部がリンパ管（p.152）に入り込んだものが，リンパ液です。

リンパ液には**リンパ球**（白血球の一種）が存在しています。
リンパ球は，病原体の侵入に対して重要なはたらきを担っています。

・組織液

血しょうの一部が毛細血管から しみ出したもの。	細胞に養分や酸素を供給し， 二酸化炭素や老廃物を受け取る。

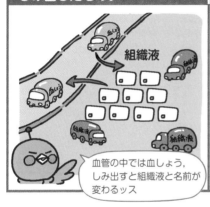

血管の中では血しょう，しみ出すと組織液と名前が変わるッス

・リンパ液

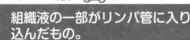

組織液の一部がリンパ管に入り 込んだもの。	リンパ液にはリンパ球が存在 している。

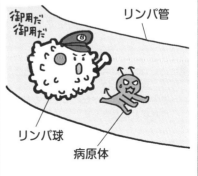

4-9　体液の循環

ココをおさえよう！

体液の循環にかかわる器官をまとめて循環系と呼ぶ（心臓・血管・リンパ管）。

体液についてひと通り勉強し終わったところで，次は体液のはたらきをサポートする器官（心臓・血管・リンパ管）について見てみましょう。

・体液は循環させなくてはいけない

体中（からだじゅう）の細胞は，常に養分を欲しがっていますし，二酸化炭素や老廃物を回収してほしいと思っています。

体液は，そんな細胞に対して，常に養分や酸素を送り届けたり，排出された老廃物や二酸化炭素を回収したりしています。
子ツバメたちの世話をせっせと焼く，親ツバメのようですね。

細胞に養分や酸素を供給し続けるため，体液は，常に循環させる必要があるのです。

・体液の循環にかかわる器官をまとめて循環系と呼ぶ（心臓・血管・リンパ管）

多くの動物は，血液を送り出す心臓，血液の通る血管，リンパ液の通るリンパ管などの，体液を循環させることにかかわる器官をもっています。

このような，体液の循環にかかわる器官を，まとめて**循環系**と呼びます。

ここからは，器官系である循環系（心臓・血管・リンパ管）について勉強していきます。

　いくつかの器官が全体としてまとまったはたらきをする場合，それらの器官をまとめて，**器官系**といいます。循環系というのは，心臓や血管・リンパ管などの，体液を循環させることにかかわっている器官の総称ですが，その他にも，消化の機能をもつ胃や腸などの器官をまとめて消化系と呼んだりします。

4

体液のはたらきをサポートする器官たち（循環器編）

・体液は循環させなくてはならない。

細胞に養分や酸素を供給し続けなくてはならない。

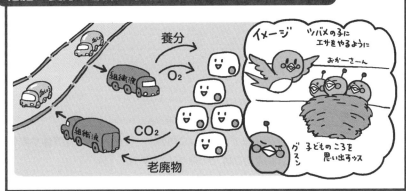

・体液の循環にかかわる器官をまとめて循環系と呼ぶ。
（心臓・血管・リンパ管）

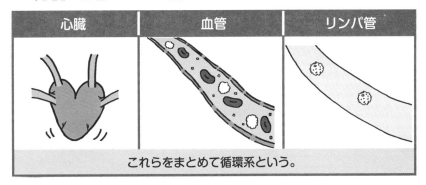

心臓	血管	リンパ管

これらをまとめて循環系という。

補足　器官系…全体としてまとまったはたらきをする器官の総称。
- 循環系…心臓・血管・リンパ管など
- 消化系…胃・小腸など

4-10 循環系　～リンパ管・リンパ節～

> **ココ**をおさえよう！
>
> リンパ管にはリンパ液が流れている。
> リンパ管にはリンパ節という部位があり，病原体や異物を排除する場所としてはたらく。

最後に，循環系（心臓・血管・リンパ管）のうち，**リンパ管**について見てみましょう。

・リンパ管とリンパ球のはたらき

リンパ管とは，**リンパ液**が流れる器官のことです。

リンパ液には**リンパ球**が存在します。リンパ球は体内に侵入した**病原体や異物を排除**するなど，免疫において大切なはたらきをします（p.218）。

・リンパ管の構造

リンパ管は全身に張り巡らされており，**鎖骨下静脈**で静脈に合流します。

さて，リンパ管をよく観察してみると，リンパ管にはところどころ球状にふくらんだ部位があることがわかります。これを**リンパ節**といいます。

・リンパ節のはたらき

リンパ節には次の2つのはたらきがあります。

① リンパ節にある弁で，リンパ液の逆流を防ぐ。
② リンパ球などが集まる場所であり，ここで病原体や異物を排除する。

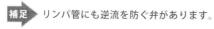 補足 リンパ管にも逆流を防ぐ弁があります。

4

・リンパ管とリンパ球のはたらき

リンパ管はリンパ液を流す。	リンパ球は免疫に関与。

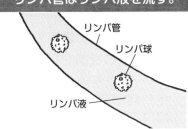

リンパ管

リンパ球

リンパ液

・リンパ管の構造

全身に張り巡らされたリンパ管が集まって，しだいに太くなり，鎖骨下静脈で静脈に合流する。	ところどころ球状にふくらんだリンパ節がある。

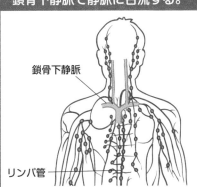

鎖骨下静脈

リンパ管

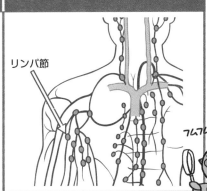

リンパ節

フムフム

・リンパ節のはたらき（2つ）

① 弁によってリンパ液の逆流を防ぐ。	② 病原体や異物を排除する場所。

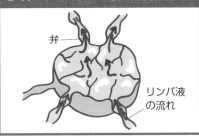

弁

リンパ液
の流れ

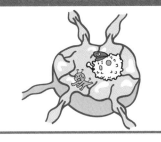

4-11　体内環境の維持のしくみ　〜基本的なしくみ〜

ココをおさえよう！

間脳の視床下部は，体温や血糖濃度などの体内環境の変化を感知し，神経系やホルモンを介して調整する司令塔の役割をする。

生物は変化の激しい環境に置かれたとしても，体内は体液で満たされていて，細胞が直接，体外の環境変化の影響を受けなくて済むのでした。

この体内環境を一定に保つしくみはどうなっているのでしょうか？
例えば，どうやって体温を一定に保ったり，血糖値を一定に保ったりしているのでしょうか？

・「敏腕社長のいるヘンテコな大企業」をイメージしよう

体内環境の調整についてイメージしやすくするため，まずは「敏腕社長のいるヘンテコな大企業」についてのお話をします。

まず，大企業なのでオフィスはとても広く，社員はみんな離れた席に座っています。さらには，川を流す余裕すらあります。

この会社は，敏腕社長の一存ですべてが決まり，社長からの仕事の指示は次の2通りの方法で行われます。

1つは社長が電話で部下に指示を伝えるやり方です。
社長から電話で指示を受けた部下は，①そのまま自分で仕事をすることもありますし，②さらに他の社員に指示を出すこともあります。他の社員に指示を出す場合は，ビン詰めの手紙で行います。

もう1つは社長がビン詰めの手紙を川に流して指示を伝えるやり方です。
社長からビン詰めの手紙で指示を受けた部下は，③そのまま自分で仕事をすることもありますし，④さらに他の社員に指示を出すこともあります。他の社員に指示を出す場合は，やはりビン詰めの手紙で行います。

電話は社長のみが使える伝達手段なのです。

このようにして，社長が判断し，その指示が社内で伝達され，仕事が行われています。ヘンテコな会社ですが，仕事はうまくいっているようです。

・これから学ぶこと

> 体液の状態を一定に保つことも含め，
> 全般的な体内環境の調整がどのように行われているのか？

4

『敏腕社長のいるヘンテコな大企業』をイメージ

① 敏腕社長 → 部下A　企画書を書く！

② やっといて〜　部下B → イラストを描く！　部下C

③ 部下D　そうじをする！

④ お願いね〜　部下E → 経理処理をする！　部下F

・間脳の視床下部からの指令が，神経系 or ホルモンを介して伝達される

体内でも「ヘンテコな大企業」と似たようなしくみで，体内環境の調整が行われています。

体内環境の調整について，その判断をしているのは主に**間脳**の**視床下部**です。これが，先ほどの敏腕社長にあたります。

間脳の視床下部からの指令は，**神経系**または**ホルモン**を介して行われます。
（右ページにある交感神経と副交感神経は，神経系の一種です）

神経系を介する方法は，先ほどの「ヘンテコな大企業」の例における電話にあたるもので，信号が直接器官に伝えられるため，すばやく反応が起きるという特徴があります。①間脳の視床下部から，神経を介して指示を受けた器官がはたらくことで，調整が終了することもあれば，②他の器官に指示を出す場合もあります。これらの器官が他の器官に指示を出す場合は，ホルモンを介して行われます。

一方，ホルモンを介する方法は，ホルモンが血液によって運ばれることで情報伝達します。ホルモンは，「ヘンテコな大企業」の例におけるビン詰めの手紙にあたります。ホルモンによる調整は，ゆっくりではありますが，反応を持続的に起こすことができるという特徴があります。

③間脳の視床下部からの指示を受けた器官がはたらくことで調整が終了することもあれば，④他の器官に指示を出す場合もあります。他の器官に指示を出す場合は，ホルモンを介して行われます。

 補足 ④の場合の「他の器官に指示を出す」器官は，脳下垂体前葉だけです。
（脳下垂体前葉についてはp.172で説明します）

このように，間脳の視床下部から出された指令は，**神経系とホルモンという2つの手段を用いて伝達され，体内環境の状態が調整されている**のです。

というわけで，ここからは神経系とホルモンについて，それぞれが一体何なのかについて解説したあと，それらを用いてどのように体内環境の調整が行われているのかについて触れていきます。

・間脳の視床下部からの指令が，神経系 or ホルモンを介して
　伝達される。

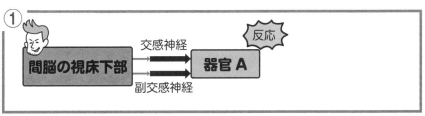

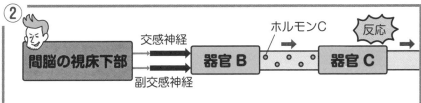

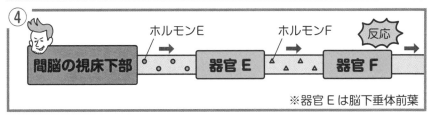

※器官 E は脳下垂体前葉

次ページから
神経系とホルモン
について，それぞれ
解説していくぞい

ハイッ!!

4-12　神経系を使って調節する　～神経系の分類～

ココをおさえよう！

ヒトの神経系は，中枢神経系と末梢神経系に分けられる。
中枢神経系は脳と脊髄，末梢神経系は体性神経系と自律神経系に
分けられ，自律神経系は交感神経と副交感神経に分けられる。

人間の体には神経があちこちに張り巡らされています。
神経の役割の1つは，痛みや温度や明暗などといった刺激を，脳や脊髄に伝える
ことです。神経があるからこそ，ヒトは痛みを感じたり光を認識したりできます。

そして神経のもう1つの役割は「どのように振る舞うか」という脳や脊髄からの
指令を各器官に伝えることです。
「手を握る」とか「目をつむる」とか「緊張して心臓がドキドキする」などという
のは，すべて脳や脊髄からの指令が神経を通って伝わってきているためなのです。

・ヒトの神経系の分類

このように情報の伝達と処理を行う，体内の情報網（ネットワーク）を神経系とい
い，ヒトの神経系は以下のように分類されます。

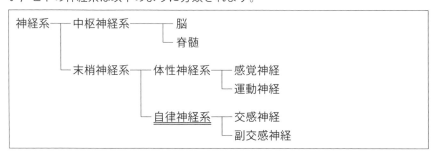

まず，神経系は大きく**中枢神経系**と**末梢神経系**に分かれます。
中枢神経系は脳や脊髄のことで，これらは指令を出す役割を担います（間脳も脳
の一部なので，中枢神経系です）。
末梢神経系は，中枢神経からの指令を各器官に伝えたり，各器官の受け取った刺
激を中枢神経へ伝えたりする役割を担います。
末梢神経系は体性神経系と**自律神経系**に分かれます。
「生物基礎」では**自律神経系**を中心に勉強していきます。

4

ヒトの神経系

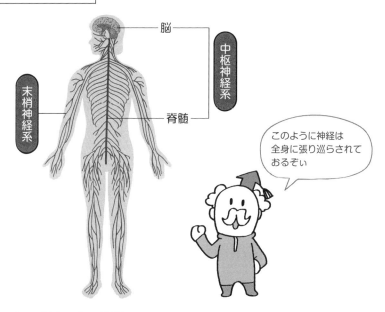

脳
中枢神経系
脊髄
末梢神経系

このように神経は
全身に張り巡らされて
おるぞぃ

・ヒトの神経系の分類

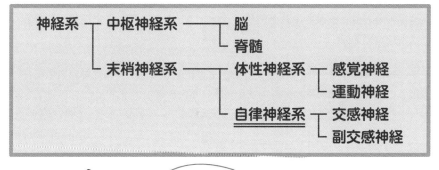

神経系 ┬ 中枢神経系 ─┬ 脳
　　　　│　　　　　　　└ 脊髄
　　　　└ 末梢神経系 ─┬ 体性神経系 ┬ 感覚神経
　　　　　　　　　　　　│　　　　　　└ 運動神経
　　　　　　　　　　　　└ 自律神経系 ┬ 交感神経
　　　　　　　　　　　　　　　　　　　└ 副交感神経

「生物基礎」で
主に勉強するのは
自律神経系ッス

・末梢神経の分類

末梢神経系は体性神経系と自律神経系に分かれますが，その違いは**自分の意思で制御できるかどうか**です。

体性神経系は感覚器官（目・鼻・舌など）と運動器官を支配する神経系のことです。（感覚器官で受け取った刺激を中枢神経系に伝える神経のことを感覚神経，中枢神経系から出された指令を運動器官へ伝える神経のことを運動神経といいます）

「手を開く・握る」，「目をつむる」などというのは自分の意思で行えますね。

※ただし，自分の意思で制御できない反射などの例外もあります。ひざの下をたたくと，足が跳ね上がる膝蓋腱反射が有名ですね。

自律神経系は，内臓や分泌腺（p.158）を支配する神経系です。

「心臓の拍動を速くする」，「汗をかく」などは自分の意思で行えるものではありませんね。

私たちの**意思に関係なく，自律的にはたらく**ので，自律神経という名前なのです。

・自律神経の分類

自律神経系は**交感神経**と**副交感神経**に分かれ，両神経が常にはたらいています。

交感神経とは，一般的に運動時や緊張時，興奮時に優位にはたらく神経のことです。

副交感神経とは，一般的に休息時やリラックスをしているときに優位にはたらく神経のことです。

ヒトの神経系の中で，「生物基礎」において主に勉強するのが自律神経系でした。

神経系の中の自律神経系の位置づけを理解しておきましょう。

- 末梢神経…体性神経系と自律神経系に分かれる。

〈体性神経系〉

目・鼻・舌などの感覚器官を支配する感覚神経と，運動器官を支配する運動神経のこと。

例えば…

手を開いたり握ったり　　　　　　　目をつむったり

〈自律神経系〉

内臓や分泌腺を支配する神経系。

例えば…

汗をかく

自律神経は交感神経と副交感神経に分かれる。

交感神経 … 一般的に運動時や緊張時，興奮時に優位にはたらく。

副交感神経 … 一般的に休息時やリラックスしているときに優位にはたらく。

4-13　自律神経系　〜間脳の視床下部〜

ココをおさえよう！

自律神経系の中枢は間脳の視床下部。
交感神経と副交感神経は，互いに拮抗的（きっこうてき）に作用する。

では，自律神経系についてくわしく見ていきましょう。

・自律神経系の中枢は，主に間脳の視床下部

脳は，**大脳・間脳・中脳・小脳・延髄**に分けられますが，このうち，主に間脳の**視床下部**という部分が自律神経系の中枢となっています。つまり，**自律神経系を通る指示は，間脳の視床下部から出されている**ということです。

 補足　間脳は視床と視床下部からなります。

・自律神経系は，内臓や分泌腺のはたらきを自律的に調整する

自律神経系は，心臓の拍動や発汗などを調節する，自律的な，つまり意識せずともはたらく神経系でしたね。

他にも，以下のような器官のはたらきを調節しています。

器官	心臓の拍動	消化管の運動	皮膚の血管	汗腺からの発汗	呼吸運動	瞳孔	立毛筋	気管支	ぼうこう
調節	促進／抑制	抑制／促進	収縮	促進	浅く・速く／深く・遅く	拡大／縮小	収縮	拡張／収縮	排尿抑制／排尿促進

ここで注目していただきたいのは，自律神経系は基本的に，「促進／抑制」や「拡張／収縮」など，互いに反対のはたらきをするということです。このような，互いに反対の作用を，**拮抗的な作用**と表現します。

なぜ自律神経系は拮抗的に作用するかというと，交感神経と副交感神経が拮抗的に，つまりお互いに張り合ってはたらくからです。

1つの器官に対し，**基本的に交感神経と副交感神経の両方の神経が接続**していて，はたらきを調節しています。

・自律神経系の中枢は，主に間脳の視床下部。

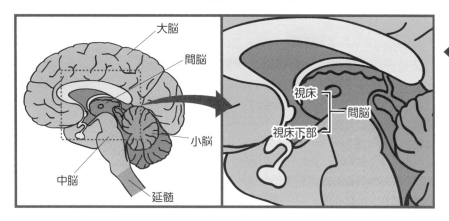

・自律神経系は，内臓や分泌腺のはたらきを自律的に調整する。

器官	心臓の拍動	消化管の運動	皮膚の血管	汗腺からの発汗	呼吸運動	瞳孔	立毛筋	気管支	ぼうこう
調節	促進 / 抑制	抑制 / 促進	収縮	促進	浅く・速く /深く・遅く	拡大 /縮小	収縮	拡張 /収縮	排尿抑制/排尿促進

注目ポイント

自律神経系は基本的に，互いに反対のはたらきをする。
　　　　　　　　　　拮抗的な

・促進 / 抑制

・拡張 / 収縮

ホントだ！

4-14　交感神経と副交感神経

ココをおさえよう！

交感神経は運動時・緊張時・興奮時にはたらき，副交感神経は休息時・リラックス時にはたらく。

・自律神経系の分布

自律神経系は右ページのように分布しています。たしかに，1つの器官に対し，基本的には交感神経と副交感神経の2つが接続していますね。

また，交感神経は脊髄から出ており，副交感神経は，中脳・延髄・脊髄の下部から出ていることがわかります。

・交感神経と副交感神経のはたらきの分類

それでは，自律神経系による調整を，**交感神経**と**副交感神経**によるものに分類して整理してみましょう。すると，次のようになります。

器官	心臓の拍動	消化管の運動	皮膚の血管	汗腺からの発汗	呼吸運動	瞳孔	立毛筋	気管支	ぼうこう
交感神経	促進	抑制	収縮	促進	浅く・速く	拡大	収縮	拡張	排尿抑制
副交感神経	抑制	促進	—	—	深く・遅く	縮小	—	収縮	排尿促進

交感神経とは，一般的に運動時や緊張時，興奮時に優位にはたらく神経のことでした。運動したり，試験の前に緊張したときのことを思い出してみてください。

一方，副交感神経とは，一般的に休息時やリラックスをしているときに優位にはたらく神経のことでした。こちらは逆に，テストが終わった週の休日，部屋でゆっくりしているときのことを，思い出してみてください。

すると，自律神経系のはたらきが，上記のように分類されることがよくわかるのではないでしょうか？　よく出題されるので，しっかり覚えてくださいね。

※皮膚の血管・汗腺・立毛筋には交感神経しか接続していないことに注意しましょう。

・自律神経系の分布

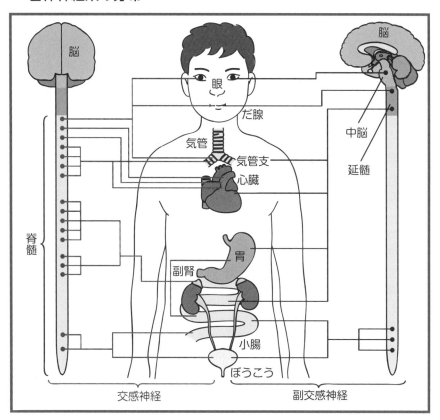

・交感神経と副交感神経のはたらきの分類

器官	心臓の拍動	消化管の運動	皮膚の血管	汗腺からの発汗	呼吸運動	瞳孔	立毛筋	気管支	ぼうこう
交感神経	促進	抑制	収縮	促進	浅く・速く	拡大	収縮	拡張	排尿抑制
副交感神経	抑制	促進	(－)	(－)	深く・遅く	縮小	(－)	収縮	排尿促進

※皮膚の血管・汗腺・立毛筋には交感神経しか接続していないことに注意。

立毛筋とは
鳥肌を立たせる
器官のことじゃ

ボクはいつも
鳥肌ッス

ここまでやったら
別冊 P. 24 へ

4-15　自律神経系を介した情報伝達の例　～心臓の拍動～

ココをおさえよう！

運動時・緊張時は，交感神経を介して心臓の拍動を増やすよう指令が伝わる。

自律神経系によって調節されている例として，**心臓の拍動**を取り上げてみましょう。

1）中枢が変化を感知し，指令を出す

運動したり緊張したりすると，血中の酸素が消費され，二酸化炭素濃度が高まります。これを延髄が感知します。

（自律神経系の中枢は基本的に間脳の視床下部なのですが，心臓の拍動に関しては延髄が中枢です。）

2）自律神経系が指令を伝える

血中の二酸化炭素濃度の高まりを延髄が感知すると，交感神経が心臓にはたらきかけます。
その結果，心臓は拍動数を増やし，酸素を含んだ血液を体全体に届けます。

逆に，運動量が減ったり，緊張がほぐれたりして，血中の二酸化炭素濃度が下がってきたことを感知したら，今度は副交感神経がはたらき，心臓の拍動数を減らして適切な二酸化炭素濃度に調節します。

4

自律神経系によって調節されている例…心臓の拍動

1）中枢が変化を感知し，指令を出す。

血中の
二酸化炭素濃度が
高まったな

延髄

自律神経系の中枢は基本的に
間脳の視床下部じゃが，今回は
延髄じゃよ

2）自律神経系が指令を伝える。

運動などにより，血中の二酸化炭素
濃度が高まると，交感神経がはたらく。

交感神経

拍動数
増加

逆に，運動量が減るなど，血中の二酸化炭素濃度が下がると，
副交感神経がはたらく。

副交感神経

拍動数
減少

4-16　ホルモンを介した情報伝達の概要

ココをおさえよう！

神経系による調節とホルモンによる調節の違いに注目しながら，ホルモンによる調節について理解しよう。

ここまで神経系を用いた情報伝達について勉強してきましたが，続いて，**ホルモンを介した情報伝達**について，見てみましょう。

4-11で出てきた「ヘンテコな大企業」のビン詰めの手紙の例にあたるものですよ。

・ホルモンとは？

ホルモンとは，ギリシア語で「刺激する，興奮させる」という意味がある言葉です。**血液にのって運ばれて特定の器官で受容され，ごく微量で作用する物質**の総称です。

ホルモンにはさまざまな種類があり，それぞれが特定の器官に受容されることで，体のはたらきが調節されます。ホルモンによる調節はゆっくり行われ，その効果は持続します（p.180）。

・概要

内分泌腺からホルモンと呼ばれる物質が血液中に分泌されます。

ホルモンは，特定の器官（**標的器官**）で受け取られ，それが刺激となって標的器官が反応を起こします。

右ページに，ホルモンを介した情報伝達と自律神経を介した情報伝達の図を，比較のために記載しましたので，違いを理解してください。

ホルモンを介した情報伝達

・ **ホルモンとは？**

- ギリシア語で「刺激する，興奮させる」の意。
- 血中に放出されて，特定の器官で受容され，ごく微量で作用する物質の総称。

・ **概要**

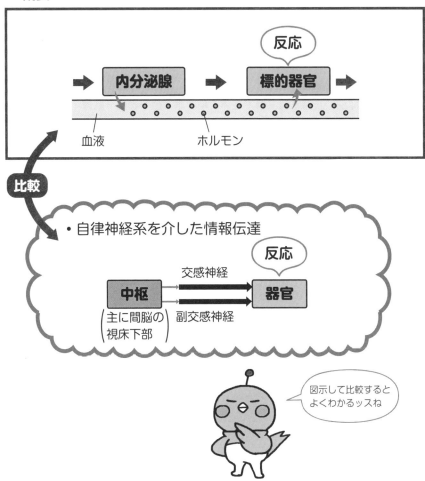

4

4-17　ホルモンの分泌（内分泌腺）

ココをおさえよう！

体外に分泌物を分泌する組織を外分泌線という（汗腺・だ腺など）。
一方，体内に分泌物を分泌する組織を内分泌腺といい，間脳の視床下部・脳下垂体・甲状腺・副甲状腺・副腎・すい臓などがある。

生物の体内で，特定の物質を分泌する組織を**腺**と呼びます。
体外に分泌物を分泌する腺を**外分泌腺**といい，**汗腺**（汗を分泌），**だ腺**（だ液を分泌）などがあります。

一方，血液などの体の中に直接，分泌物を分泌する腺を**内分泌腺**といいます。
ホルモンは，内分泌腺から分泌されます。

・さまざまな内分泌腺

内分泌腺は，間脳の**視床下部・脳下垂体・甲状腺・副甲状腺・副腎・すい臓**など，さまざまです。それぞれの内分泌腺で分泌されるホルモンと，そのはたらきは決まっています。
下にまとめましたので，ざっと見ておきましょう。

器官		ホルモン	はたらき
間脳	視床下部	各種の放出ホルモン 各種の放出抑制ホルモン	脳下垂体の ホルモン分泌の調節
脳下垂体	前葉	甲状腺刺激ホルモン	甲状腺ホルモンの分泌促進
		副腎皮質刺激ホルモン	副腎皮質ホルモンの 分泌促進
		成長ホルモン	タンパク質の合成を促進 血糖濃度を上げる
	後葉	バソプレシン	腎臓の集合管での 水の再吸収促進
甲状腺		チロキシン	代謝を促進
副甲状腺		パラトルモン	血液中のカルシウム イオン濃度を上昇させる
副腎	皮質	糖質コルチコイド	タンパク質から糖の 生成を促進
		鉱質コルチコイド	体液中のナトリウムイオン， カリウムイオン濃度調節
	髄質	アドレナリン	血糖濃度の増加
すい臓	ランゲルハンス島 A 細胞	グルカゴン	血糖濃度の増加
	ランゲルハンス島 B 細胞	インスリン	血糖濃度の減少

4

・腺…生物の体内で，特定の物質を分泌する組織

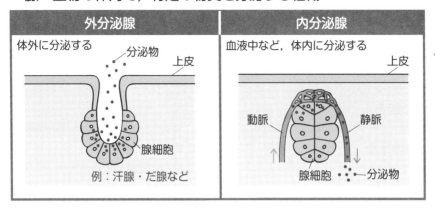

外分泌腺	内分泌腺
体外に分泌する	血液中など，体内に分泌する
分泌物 上皮 腺細胞 例：汗腺・だ腺など	上皮 動脈 静脈 腺細胞 分泌物

・さまざまな内分泌腺

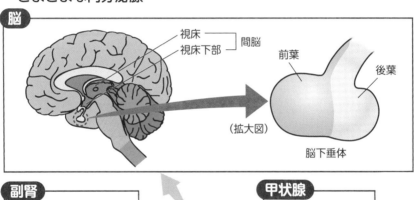

脳

視床
視床下部 ┐間脳
前葉
後葉
（拡大図）
脳下垂体

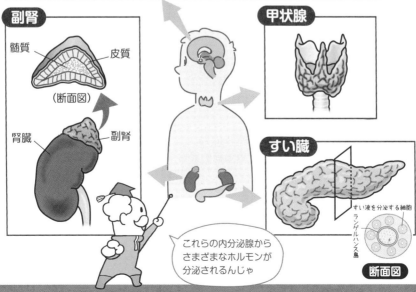

副腎

髄質　皮質
（断面図）
腎臓　副腎

甲状腺

すい臓

すい液を分泌する細胞
ランゲルハンス島
断面図

これらの内分泌腺から
さまざまなホルモンが
分泌されるんじゃ

4-18 ホルモンの受け取り（標的器官）

ココをおさえよう！

ホルモンの作用を受ける器官は決まっており，標的器官という。
標的器官の標的細胞にある受容体（レセプター）がホルモンを受け取る。

・標的器官

内分泌腺がホルモンを分泌して指示を伝えるということは，そのホルモンを受け取る器官がなくてはいけません。
このような器官を，**標的器官**といいます。

・標的細胞と受容体（レセプター）

標的器官には**標的細胞**があり，ホルモンは標的細胞の**受容体**（**レセプター**）で受け取られます。

目的とする器官以外がホルモンを受け取り，反応を起こしてしまったら困りますので，特定の器官のみが受け取るようになっていることはとても大切なことなのです。

・内分泌腺は標的器官となる場合もある

ホルモンを分泌して指示を出すのが内分泌腺，ホルモンによる指示を受け取るのが標的器官という説明をしてきましたが，内分泌腺と標的器官が別モノというわけではありません。

p.154でお話しした「ヘンテコな大企業」のパターン④を思い出してください。
ビン詰めの手紙を受け取った部下Eは，それを読んだあとに部下Fへビン詰めの手紙を送り，指示を伝えています。
「ビン詰めの手紙」＝「ホルモン」でしたね。
つまり，**器官Eはホルモンを受け取る標的器官でもあり，ホルモンを分泌する内分泌腺でもある**ということです。

体内ではこのように，ホルモンの受容・分泌によって指示が伝わっていくのです。

・標的器官…分泌されたホルモンを受け取る特定の器官。

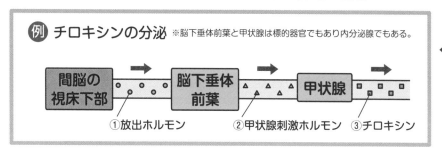

・標的細胞と受容体（レセプター）

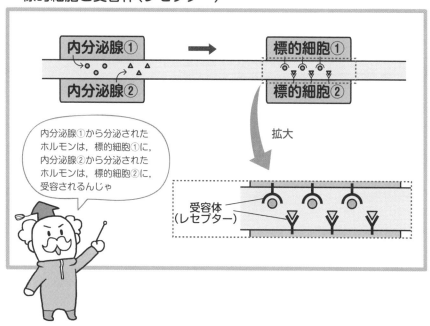

4-19　ホルモンを介した調節のしくみ

ココをおさえよう！

ホルモンによる調節は，少しずつ情報が伝達されていくイメージ。
自律神経系による調節との違いに注目しよう。

・ホルモンによる調節でもリーダーは間脳の視床下部

自律神経系では，主に間脳の視床下部が指令を出し，各器官を調節していました。
ホルモンによる調節でも，リーダーとして指令を出すのは間脳の視床下部がメインです。

自律神経系では，交感神経と副交感神経を介して，間脳（中枢神経）が各器官へ指令を出していました。
ホルモンによる調節では，間脳の視床下部は血液中など体内にホルモンを分泌することで，中継地点の器官（標的器官）へ指令を届けます。

間脳の視床下部が分泌するホルモンは，各種の**放出ホルモン**と**抑制ホルモン**です。
名前のとおり放出ホルモンは「このホルモンを出しなさい」とホルモンの分泌を促進するもので，抑制ホルモンは「このホルモンの分泌をおさえなさい」と抑制するものです。

間脳の視床下部が分泌したホルモンを受け取る標的器官の代表格は，**脳下垂体前葉**です。
脳下垂体前葉が間脳の視床下部からホルモンを受け取ると，別のホルモンを分泌し，各器官へ指令が伝わります。

4

・ホルモンによる調節でもリーダーは間脳の視床下部

<u>放出ホルモン</u> … ホルモンの分泌を促進。

<u>抑制ホルモン</u> … ホルモンの分泌を抑制。

4-20 ホルモンを分泌する神経細胞

ココをおさえよう！

間脳の視床下部は，神経分泌細胞からホルモンを分泌し，指令を
伝える。

・ホルモンによる調節でも，リーダーは間脳の視床下部

自律神経系も，ホルモンによる調節も，どちらも主に間脳の視床下部が指令を出
します。

自律神経系では，交感神経と副交感神経を介して，間脳（中枢神経）が各器官へ指
令を出していましたが，ホルモンによる調節では，間脳の視床下部が血液中にホ
ルモンを分泌することで，中継地点の器官（標的器官）へ指令を届けます。

・間脳の視床下部は，神経分泌細胞からホルモンを放出

ホルモンの多くは内分泌腺から分泌されるとお話しましたが（→p.170），間脳は
神経分泌細胞という特殊な神経細胞からホルモンを放出します。

神経分泌細胞には，ホルモンの放出先が2パターンあります。

パターン1）神経分泌細胞　⇒　視床下部の血管

神経分泌細胞のうち，視床下部の血管に突起を伸ばすものは，脳下垂体前葉に作
用する放出ホルモン，放出抑制ホルモンを分泌します。受け取った脳下垂体前葉は，
ホルモンを放出したり抑制したりします。

パターン2）神経分泌細胞　⇒　脳下垂体後葉

神経分泌細胞のうち，脳下垂体後葉に突起を伸ばすものは，血管内に直接**バソプ
レシン**というホルモンを放出します。下垂体後葉は，それをそのまま流出させます。

・ホルモンによる調節

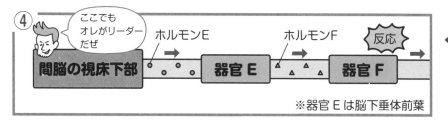

・間脳の視床下部の神経分泌細胞

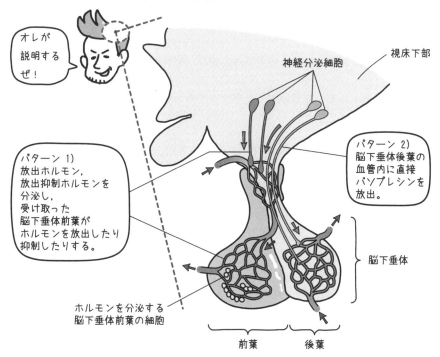

4-21 フィードバック調節

ココをおさえよう！

最終成果物が前の段階の器官に戻ってはたらきかけるしくみを
フィードバック調節という

ホルモンを介した調節のしくみの例として，チロキシンの分泌について見てみましょう。

・チロキシンが分泌されるまで

①血液中のチロキシン量が不足すると，視床下部がそれを感知し，放出ホルモンを分泌する。
②放出ホルモンを受け取った脳下垂体前葉が，甲状腺刺激ホルモンを血液中に分泌する。
③甲状腺刺激ホルモンを受け取った甲状腺がチロキシンを血液中に分泌し，チロキシンの量が増加する。

 補足 脳下垂体前葉も，チロキシンの不足を感知します。

・チロキシン分泌のフィードバック調節

こうして血液中にチロキシンの量が増加するのですが，増え続けるわけにはいきません。

チロキシンには，視床下部や脳下垂体前葉に作用し，放出ホルモンや甲状腺刺激ホルモンの分泌を抑制するはたらきがあります。

このような，最終成果物（結果）が前の段階の器官（原因）に戻ってはたらきかけるしくみを**フィードバック調節**といいます。特に，最終成果物が原因を抑制するようにはたらく場合を**負のフィードバック**といいます。

チロキシンに限らず，ふつう，ホルモンは負のフィードバック調節によって，血液中の濃度が適正になるように保たれています。

最後に，自律神経系による調節とホルモンによる調節の共通点と相違点についてまとめます。

チロキシンの分泌

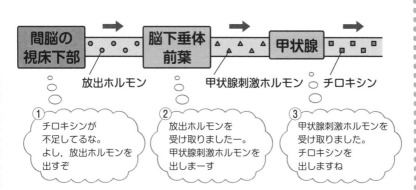

例 フィードバックの調節

チロキシンの量が増えると，間脳の視床下部と脳下垂体前葉に作用し，ホルモンの分泌を抑制する。

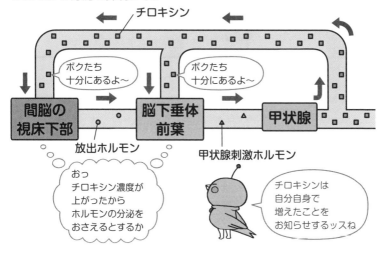

・自律神経による調節とホルモンによる調節のまとめ

〈共通点〉

☆自分の意志とは無関係である。

☆間脳が調節のリーダー的な役割を担っている。

〈相違点〉

☆指令の伝達速度と持続性

自律神経系による調節では，交感神経・副交感神経を介して信号として指令が伝わるため，**すばやく調節**されるが，**効果は短期間**しか継続しない。一方，ホルモンによる調節では，ホルモンが血液によって運ばれることで指令が伝わるため，**ゆっくり調節され，効果も持続的**である。

☆調節のしかた

自律神経系による調節では，交感神経・副交感神経が**拮抗的**にはたらくことで，各器官が調節される。一方，ホルモンによる調節では，**フィードバック調節**が起こることで，血液中のホルモン濃度が調節される。

・自律神経系による調節とホルモンによる調節の比較

	自律神経系による調節	ホルモンによる調節
共通点	自分の意思とは無関係。	
	間脳が調節のリーダー的役割。	
違い	すばやく調節されて，効果は短期間。	ゆっくり調節されて，効果は持続的。
	交感神経と副交感神経が拮抗的にはたらくことで調節される。	フィードバック調節で血液中のホルモン濃度が調節される。

表にまとめたから
確認しておくんじゃぞ

ここまでやったら

別冊 p. 26 へ

4-22　参考 ホルモンを介した情報伝達の例　～水分量の調節～

ココをおさえよう！

脳下垂体後葉から分泌されるバソプレシンというホルモンは，
腎臓で水分の再吸収を促進する（排出される尿の量を減らす）。

ホルモンを介した情報伝達の事例をもう1つご紹介します。
今回は，体液中の水分量の調節について見てみましょう。

・体液中の水分量の調節は，バソプレシンというホルモンを介して行われる

体液中の水分量を適切な範囲に保つことは，とても重要なことです。
腎臓がその役割を担っており，その調節は，ホルモンを介して行われています。

a．体液中の水分量が少ないとき

①汗をかいたり，水分補給が十分ではないなどにより，体液中の水分量が減り，
体内の塩類濃度が高まると，それを間脳の視床下部が感知します。そして，間脳
の視床下部の神経分泌細胞でバソプレシンが作られます。バソプレシンを合成す
る神経分泌細胞の突起は脳下垂体後葉までのびているため，バソプレシンは脳下
垂体後葉から分泌されます。
「汗がダラダラ出るときは，バソプレシンもたくさん分泌される」と覚えるとよい
でしょう。

②バソプレシンの標的器官である腎臓は，バソプレシンを受け取ると，**原尿**から
再吸収する水分量を増やし，体液中の水分量を保とうとします。

b．体液中の水分量が多いとき

①一方，大量の水を飲んだりして体液中の水分量が増え，体内の塩類濃度が低く
なると，それを間脳の視床下部が感知し，抑制ホルモンを分泌します。その結果
脳下垂体後葉からのバソプレシン分泌が抑制されます。
「汗が出ていないときは，バソプレシンもあまり分泌されない」と覚えるとよいで
しょう。

②バソプレシンの分泌量が抑えられた結果，原尿から再吸収する水分量が減り，
水分は尿として排出されます。

4

・体液中の水分量の調節

> 体液中の水分量の調節は，
> バソプレシンというホルモンを介して行われる。

a. 体液中の水分量が少ないとき

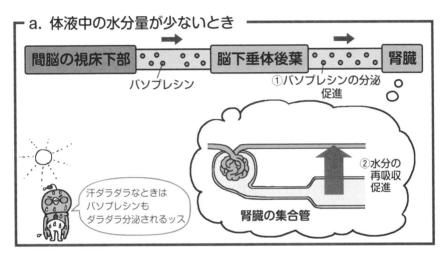

b. 体液中の水分量が多いとき

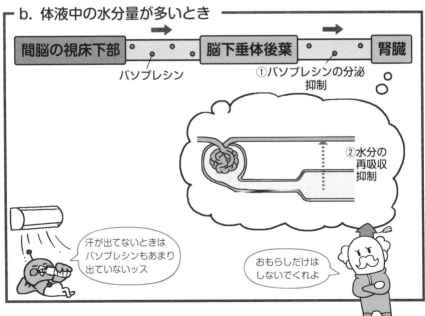

4-23 血糖濃度の調節（高血糖の場合）

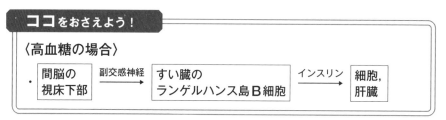

ココをおさえよう！

〈高血糖の場合〉

・ 間脳の視床下部 →（副交感神経）→ すい臓のランゲルハンス島B細胞 →（インスリン）→ 細胞，肝臓

これまでは，自律神経系とホルモンによる情報伝達を，分けて説明してきましたが，自律神経系とホルモンの両方を用いて情報伝達する事例もあります。

p.154の「ヘンテコな大企業」でいうところの，社長が部下に電話をかけて，その部下がビン詰めの手紙を流すパターンです。

4-23〜26では，血糖濃度の調節と体温の調節について，自律神経系やホルモンのかかわり方で分けて説明します。

用語も多く大変なところではありますが，大事なところなので，頑張って覚えてくださいね。

まずは，**血糖濃度**の調節についてです。

・高血糖の場合

食後などに一時的に血液中にグルコースが増え，血糖量が増加すると，体内では以下のような反応が起こります。

☆自律神経系とホルモンがかかわる情報伝達

間脳の視床下部をグルコースが多く含まれる高血糖の血液が通過すると，①副交感神経を通じ，すい臓の**ランゲルハンス島B細胞**に信号が伝わります。

すると②ランゲルハンス島B細胞から，**インスリン**というホルモンが分泌されます。

インスリンは，③細胞内への**グルコース**の取り込みや，細胞内でのグルコースの消費などを促進します。

また，④肝臓・筋肉において，グルコースから**グリコーゲン**を生成する反応を促進します。

結果，⑤血糖濃度が低下するのです。

補足 ただし，すい臓のランゲルハンス島B細胞は，間脳の視床下部からの指令がなくとも，すい臓を通過した血液の血糖濃度が高いと，直接感知してインスリンの分泌を促進します。

・血糖濃度の調節（高血糖の場合）

☆ 自律神経系とホルモンがかかわる情報伝達

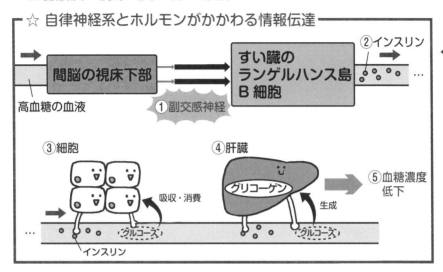

4

補足

すい臓のランゲルハンス島 B 細胞は間脳の視床下部からの指令
がなくても，すい臓を通過した血液の血糖濃度が高いと，直接
感知してインスリンの分泌を促進する。

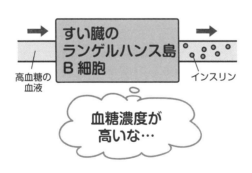

4-24　血糖濃度の調節（低血糖の場合）

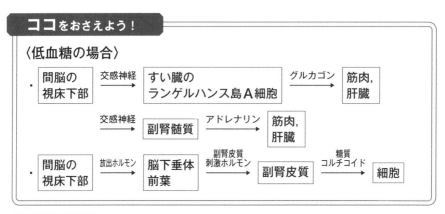

ココをおさえよう！

〈低血糖の場合〉

・低血糖の場合

激しい運動などで血糖濃度が低下すると，体内では以下のように反応します。

☆**自律神経系とホルモンがかかわる情報伝達**

間脳の視床下部を低血糖の血液が通過すると，①交感神経を通じて，すい臓の**ランゲルハンス島A細胞**と**副腎髄質**に信号が伝わります。

すい臓のランゲルハンス島A細胞に信号が伝わると，②ランゲルハンス島A細胞から**グルカゴン**というホルモンが分泌されます。
また，副腎髄質に信号が伝わると，③副腎髄質から**アドレナリン**というホルモンが分泌されます。

④アドレナリンとグルカゴンはともに，肝臓や筋肉に作用し，グリコーゲンを分解してグルコースを生成する反応が促進されます。結果，⑤血糖濃度が上昇します。

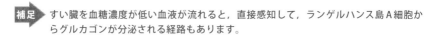

補足　すい臓を血糖濃度が低い血液が流れると，直接感知して，ランゲルハンス島A細胞からグルカゴンが分泌される経路もあります。

☆**ホルモンのみがかかわる情報伝達**

①間脳の視床下部が放出ホルモンを放出します。②それを受け取った脳下垂体前葉は**副腎皮質刺激ホルモン**を放出し，③またそれを受け取った副腎皮質は，**糖質コルチコイド**というホルモンを分泌します。糖質コルチコイドは，④細胞中のタンパク質からグルコースを生成する反応を促進します。

・血糖濃度の調節（低血糖の場合）

☆ 自律神経系とホルモンがかかわる情報伝達

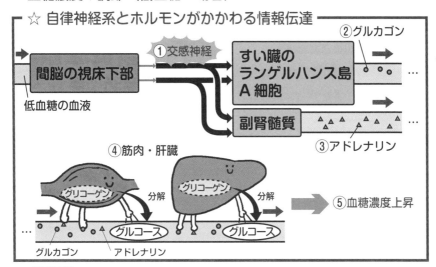

補足

すい臓を血糖濃度が低い血液が流れると，直接感知して，ランゲルハンス島 A 細胞からグルカゴンが分泌される経路もある。

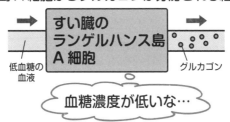

☆ ホルモンのみがかかわる情報伝達

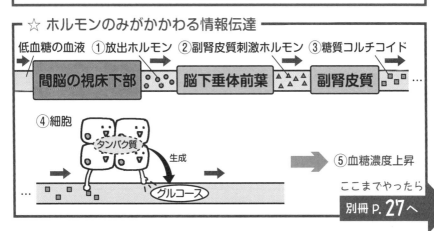

ここまでやったら

別冊 p. 27 へ

4-25　体温の調節（体温が低い場合）

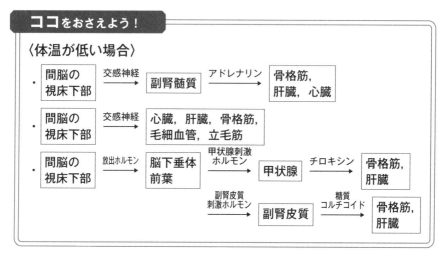

ココをおさえよう！

〈体温が低い場合〉

- 間脳の視床下部 ──交感神経→ 副腎髄質 ──アドレナリン→ 骨格筋，肝臓，心臓

- 間脳の視床下部 ──交感神経→ 心臓，肝臓，骨格筋，毛細血管，立毛筋

- 間脳の視床下部 ──放出ホルモン→ 脳下垂体前葉 ──甲状腺刺激ホルモン→ 甲状腺 ──チロキシン→ 骨格筋，肝臓
  脳下垂体前葉 ──副腎皮質刺激ホルモン→ 副腎皮質 ──糖質コルチコイド→ 骨格筋，肝臓

体温の調節も，自律神経系とホルモンによって調節されています。

・体温が低い場合

外界の温度が下がるなどして，体温が低下すると，体内では以下のような反応が起こります。

☆自律神経系とホルモンがかかわる情報伝達

間脳の視床下部が皮膚や体液の温度変化を感知すると，①交感神経を通じて副腎髄質が刺激されます。すると②副腎髄質からアドレナリンが分泌されます。

アドレナリンは，③骨格筋と肝臓に作用して物質の分解を促進したり，④心臓の拍動を促進し，血流の量を増やします。

 補足 ▶ アドレナリンは，血糖濃度を上昇させる際にも分泌されるホルモンでしたね（p.186）。

☆自律神経系のみがかかわる情報伝達

体温の低下を間脳の視床下部が感知し，①交感神経を通じて指令を伝えると，
②心臓の拍動数が増え，血流量が増加する。
③肝臓での物質の分解が促進され，発生する熱を増やす。
④骨格筋をふるえさせ，発生する熱を増やす。

・体温の調節（体温が低い場合）

☆ 自律神経系とホルモンがかかわる情報伝達

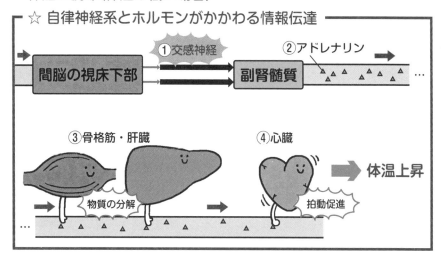

☆ 自律神経系のみがかかわる情報伝達

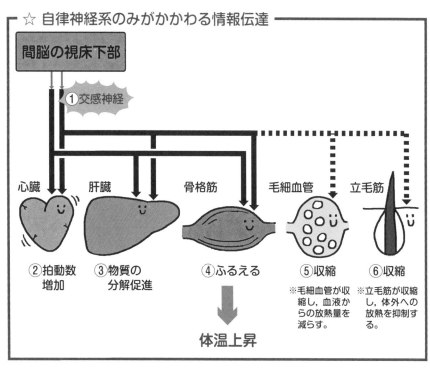

· ·

☆ホルモンのみがかかわる情報伝達
①間脳の視床下部が温度変化を感知すると，**放出ホルモン**を放出し，**脳下垂体前葉**を刺激します。すると，脳下垂体前葉から**甲状腺刺激ホルモン**と**副腎皮質刺激ホルモン**が放出されます。

②甲状腺刺激ホルモンが放出されると，甲状腺を刺激し，③**甲状腺**から**チロキシン**というホルモンが放出されます。
④チロキシンは，骨格筋と肝臓に作用し，物質の分解を促進して発熱量を増加させます。

また，⑤副腎皮質刺激ホルモンが放出されると，副腎皮質を刺激し，⑥**副腎皮質**から**糖質コルチコイド**というホルモンが放出されます。
⑦糖質コルチコイドは，骨格筋と肝臓に作用し，物質の分解を促進して発熱量を増加させます。

きちんと整理できたでしょうか？

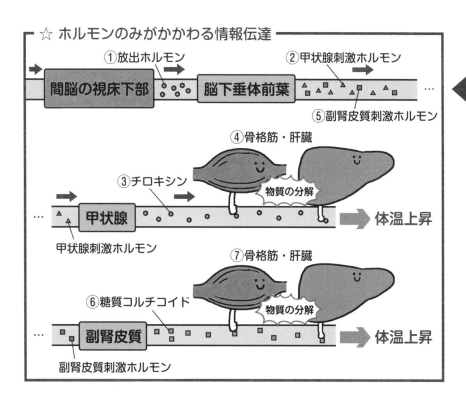

☆ ホルモンのみがかかわる情報伝達

①放出ホルモン

間脳の視床下部

②甲状腺刺激ホルモン

脳下垂体前葉

⑤副腎皮質刺激ホルモン

④骨格筋・肝臓

③チロキシン

物質の分解

甲状腺

甲状腺刺激ホルモン

体温上昇

⑦骨格筋・肝臓

⑥糖質コルチコイド

物質の分解

副腎皮質

副腎皮質刺激ホルモン

体温上昇

4

4-26　体温の調節（体温が高い場合）

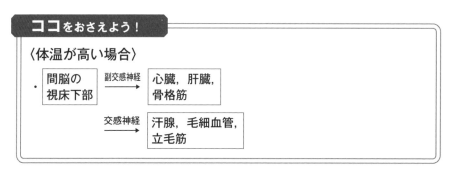

ココをおさえよう！

〈体温が高い場合〉

・ | 間脳の | 副交感神経 | 心臓，肝臓，骨格筋 |
| 視床下部 | → |

| | 交感神経 | 汗腺，毛細血管，立毛筋 |
| | → |

・体温が高い場合

外界の温度が高いことなどによって，体温が向上すると，体内では以下のような反応が起こります。

☆自律神経系のみがかかわる情報伝達

①皮膚からの刺激や，体液の温度変化を間脳の視床下部が感知し，指令が伝えられます。

主に，**副交感神経を通じて**指令が伝えられます。すると，
②心臓の拍動が減り，血流量が減少します。
③肝臓での物質の分解が抑制され，発生する熱を減らします。
④骨格筋での物質の分解が抑制され，発生する熱を減らします。

体温が高い場合の体温調節では，注意すべきことが1つあります。それは，**汗腺のみ，交感神経を通じて指令が伝えられる**ということです。
指令が伝えられると，⑤汗腺が拡張し，発汗が促進され，気化熱で体温を下げます。

※交感神経がはたらかないことにより，⑥毛細血管が拡張し，血液からの放熱量を増やします。また，⑦立毛筋が弛緩し，体外に熱を放熱します。

・体温の調節（体温が高い場合）

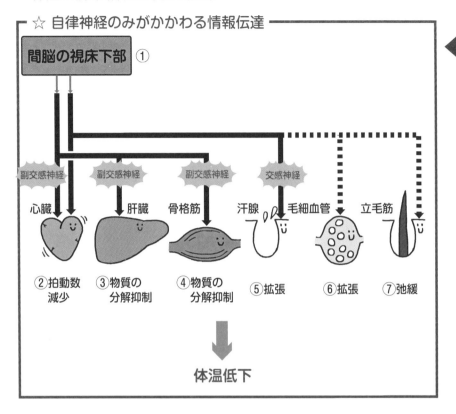

☆ 自律神経のみがかかわる情報伝達

間脳の視床下部　①

副交感神経	副交感神経	副交感神経	交感神経
心臓	肝臓	骨格筋	汗腺　毛細血管　立毛筋

②拍動数減少　③物質の分解抑制　④物質の分解抑制　⑤拡張　⑥拡張　⑦弛緩

体温低下

さすがに疲れたッス

うむ
たまには
休けいしても
よいぞい

4-27　糖尿病

ココをおさえよう！

糖尿病は，血糖濃度が高くなったまま正常値に戻らない病気。

これまでは，体内環境の調節がうまくいっている場合について勉強してきました。
逆に，調節がうまくはたらかない場合，どうなるのでしょうか？

糖尿病を例にとって見てみましょう。
糖尿病は，**血糖濃度が高いまま，正常値に戻らない病気**です。

正常な人と糖尿病の人は，いったい何が違うのでしょうか？
正常な人と糖尿病の人がグルコース溶液を飲んだあとの変化を，グラフで見てみましょう。

・血糖濃度の変化

右ページ図1のように，正常な人の血糖濃度は，グルコース溶液を飲んで2時間後には正常値に戻るのですが，糖尿病の人の血糖濃度はすぐには正常値に戻らず，高いまま推移します。

・インスリン濃度の変化

続いて，右ページ図2を見て下さい。
正常な人は，グルコース溶液を飲むとインスリン濃度が急激に上がります（①）。
インスリンの分泌が促進され，グルコース濃度を減少させているのです。

一方，糖尿病の人のインスリン濃度はあまり上がりません（②）。
そのため，時間が経ってもグルコース濃度が高いままなのです。

糖尿病が起こる原因は，
　☆ランゲルハンス島B細胞が，インスリンを生成できていない
　☆インスリンの標的細胞が，インスリンを正常に受け取れていない
などが考えられます。

● 糖尿病…血糖濃度が高いまま，正常値に戻らない病気

〈血糖濃度の変化〉（図1）

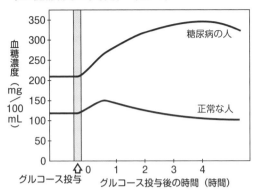

正常な人は，2時間後には
正常値に戻っているが，
糖尿病の人は戻っとらんぞ！
インスリン濃度は
どうなっておるかの？

〈インスリン濃度の変化〉（図2）

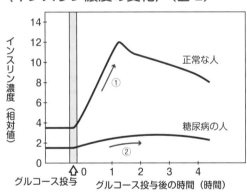

えーっと…
正常な人はグルコース投与後，
インスリン濃度が急激に
上昇しているけど，
糖尿病の人は
ほとんど増えてないッス

┌ 糖尿病が起こる原因 ─────

・すい臓のランゲルハンス島B細胞が，
　インスリンを生成できていない。

・インスリンの標的細胞が，
　インスリンを正常に受け取れていない。

4-28　糖尿病のタイプ

> **ココ**をおさえよう！
>
> 糖尿病には，Ⅰ型とⅡ型の2つのタイプがある。
> 大人に多いのはⅡ型糖尿病で，生活習慣の見直しが必要となる。

糖尿病には，**Ⅰ型糖尿病**と**Ⅱ型糖尿病**の2つのタイプがあります。それぞれの特徴を見ておきましょう。

・Ⅰ型糖尿病

Ⅰ型糖尿病は，ランゲルハンス島のB細胞が破壊されることで起きます。なぜ破壊されるかというと，自分の免疫細胞が間違って攻撃してしまうからです。間違って攻撃してしまう理由はよくわかっていません。

 Ⅰ型糖尿病は自己免疫疾患（→p.226）のひとつです。

インスリンが不足してしまうので，毎日自分でインスリンを注射（自己注射）しなければなりません。子どもの糖尿病患者のほとんどは，このⅠ型糖尿病です。子どもも病院でやり方を教わって，インスリン自己注射をします。

・Ⅱ型糖尿病

糖尿病患者の大部分を占めるのは，Ⅱ型糖尿病です。

Ⅱ型糖尿病は，運動不足・暴飲暴食・ストレスなどが影響し，インスリンの分泌量が減少したり，インスリンの感受性が低下したりして起こります。生活習慣を改善することにより，治療や予防が可能です。

高い血糖値を放置しておくと，全身の血管を痛めてしまいます。
その結果，失明することもある，とても怖い病気なのです。

・正常なはたらき

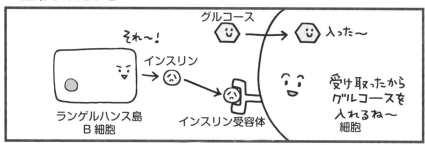

・Ⅰ型糖尿病

・Ⅱ型糖尿病

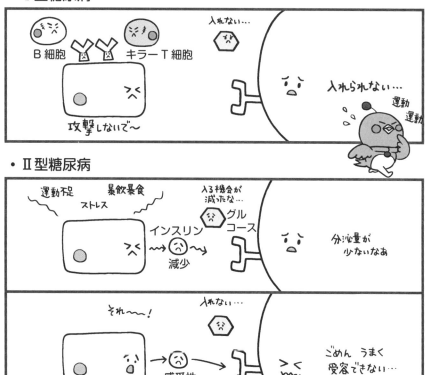

ここまでやったら

別冊 p.29 へ

4-29　脳の構造

> ## ココをおさえよう！
>
> ヒトの脳は大脳，小脳，脳幹からなる。
> 脳幹は，間脳，中脳，延髄などからなり，器官のはたらきを自律的に調整する役割を担う。

ここまで，体内環境を一定に保つために，間脳の視床下部に注目してきました。しかし，脳の他の部位も，生命維持における重要な役割を担っています。

"ヘンテコな社長"として紹介した間脳の視床下部ですが，"社長仲間"を紹介しましょう。

〈脳幹〉
・間脳の**視床**…ほとんどの感覚神経の中継点。
・間脳の**視床下部**…自律神経系の中枢で，体温や血糖濃度，血圧などを調整する。

・**中脳**…姿勢の維持や瞳孔の大きさなど調整する。

・**延髄**…呼吸運動や心臓の拍動，消化管運動，だ液分泌などを調整する。

〈大脳〉
記憶，思考，感情，随意運動などの中枢。

〈小脳〉
運動や，体の平衡を保つ中枢。

4

・ヒトの脳の構造

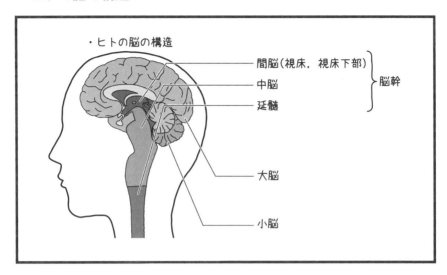

・ヒトの脳の構造

間脳（視床，視床下部）
中脳
延髄
大脳
小脳

脳幹

・脳の各部位のはたらき

オレの仲間を
紹介するぜ

間脳の
視床下部

感覚神経の中継点

視床

姿勢の維持
瞳孔の調整

中脳

呼吸運動　心臓の拍動
だ液分泌…

フー
フー

延髄

記憶
思考
感情
随意運動

大脳

体の平衡

鳥類で
発達してるッス

小脳

ひとりだけ
なんか
残念じゃな…

ここまでやったら
別冊 P.30へ

4-30　生体防御①　〜概要　その１〜

ココをおさえよう！

異物から生体を守ろうとするしくみを生体防御といい，「免疫」
による防衛が張られている。
免疫は「自然免疫」と「獲得免疫」に分けられる。

私たちの身の回りには，病原体をはじめとしてさまざまな異物が存在しています。
正常な生命活動を維持するためには，異物の体内への侵入を防いだり，侵入した
病原体が増殖したりするのを防ぐ必要があります。そうでなければ，私たちはす
ぐに病気になってしまうでしょう。

ヒトは，異物が体内に侵入することを皮膚や粘膜によって物理的・化学的に防い
でいます。また，もし体内に侵入してきたとしても，異物を認識し，白血球など
によって排除するしくみが備わっています。

このような，病原体から生体を守ろうとするしくみをまとめて，**生体防御**といい
ます。ここからは，この生体防御についてくわしく見ていきます。

・生体防御の概要

ヒトの体内には，「**免疫**」という防衛線が張られています。
「**免疫**」は，さらに「**自然免疫**」と「**獲得免疫**」に分けられます。
「**自然免疫**」には「**物理的防御**」「**化学的防御**」「**食作用**」があります。

そして「獲得免疫」には「体液性免疫」と「細胞性免疫」があります。

まとめると，右図のようになります。

- 生体防御…異物から生体を守ろうとするしくみ

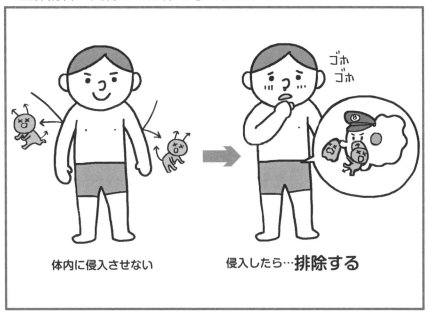

体内に侵入させない　　　　侵入したら…**排除する**

- 生体防御の概要

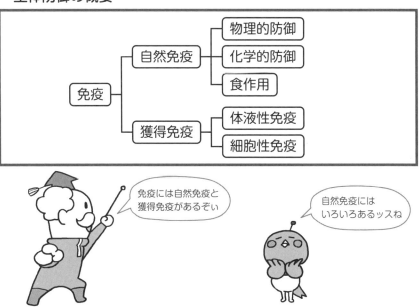

4-31　生体防御②　〜概要　その２〜

ココをおさえよう！

地球外生命体から地球を守るストーリーを読んで，生体防御の全体像をつかもう。

生体防御の概要を，まずはストーリーでご紹介しましょう。

『時は20XX年。地球は，地球外生命体からの攻撃を受けていた。

それに対抗するため，地球には２つの防衛線が張られていた。
1つは，地球外生命体が地球に侵入してくるのを防ぐシールド（防衛線①）。
もう1つは，シールドが破られた際に攻撃する部隊（防衛線②）であった。

地球のシールドが突破されたとしても，地球外生命体の大半は，防衛線②−1によって駆逐することができた（ただし，防衛線②−1では，生きて帰らない部隊も多い。まさに死闘が繰り広げられているようだ）。

防衛線②−1も破られることはあるものの，防衛線②−2によって地球外生命体の侵略を防ぐことができた。

防衛線②−2というのは，防衛線②−1で戦っていた樹状細胞部隊やマクロファージ部隊と呼ばれる部隊から，地球外生命体に関する情報が運び込まれ，それを解析班「ヘルパーT」が受け取るところから始まる。
（情報とはいっても，地球外生命体の死骸の一部だったりして，とても気持ちのよいものではないのだが……）

　（つづく）

4

時は 20XX 年。
地球は,地球外生命体
からの攻撃を受けて
いた。

それに対抗するため,
地球には2つの防衛
線が張られていた。

1つは,地球外生命
体が地球に侵入して
くるのを防ぐシール
ド(防衛線①)。

シールド
(防衛線①)

もう1つは,シールドが
破られた際に攻撃する
部隊(防衛線②)であった。

防衛線②

防衛線①が突破されて
も大半は,防衛線②-1で
駆逐できた。

ただし,防衛線②-1で
は,生きて帰らない部
隊も多い。

防衛線②-1も破られ
ることはあるものの,

防衛線②-2によって
地球外生命体の侵略
を防ぐことができた。

防衛線②-2は,樹状細胞
部隊やマクロファージ部
隊から運び込まれた地球
外生命体に関する情報を,

樹状細胞
部隊

マクロ
ファージ
部隊

解析班
「ヘルパーT」

解析班「ヘルパーT」
が受け取るところか
ら始まる。

いつみてもキモ
いな…

つづく

解析班「ヘルパーT」は受け取った地球外生命体の情報を解析。
そして，それぞれの地球外生命体に最適化した2つの部隊，部隊Bと部隊Tを大量に作り，攻撃を開始するのである。

（少しだけ細かい話をするなら，部隊Bも運び込まれてきた地球外生命体の情報をもとに，独自に部隊を大量構成するようだ。）

実は，部隊B，部隊Tは，部隊を構成するのには結構時間がかかるため，1度目の侵入だと応戦に手こずってしまうことも。

しかし，同じ地球外生命体が再度侵入してきた際には，1度目の侵入のことを記憶している一部の解析班「ヘルパーT」，部隊B，部隊Tが残っているため，すばやく大量に部隊を構成することが可能である。

これにより，2度目以降の侵入に対しては，効率的に対処ができるようになっているのだ。

こうして，地球は地球外生命体からの侵略を防いでいるのである。』

以上のストーリーを念頭に置きながら，くわしい内容について見ていきましょう。

4

解析班「ヘルパーT」は受け取った地球外生命体の情報を解析。

フムフム

それぞれの地球外生命体に最適化した部隊B，部隊Tを大量に作り，攻撃を開始する。

部隊B　部隊T

部隊Bも運び込まれてきた地球外生命体の情報をもとに，独自に部隊を大量構成するようだ。

フムフム

部隊の構成には時間がかかるため，1度目の侵入だと手こずることも。

防衛線②-1よ！
そっちたえてくれ！

しかし，再度侵入されたときには，1度目の侵入を記憶しているため，

また来たな

前来た
やつだ！

すばやく大量に部隊を構成することが可能である。

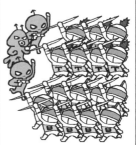

これにより，2度目以降の侵入に対しては，効率的に対処ができるようになっているのだ。

勝ったぞー!!

こうして，地球は地球外生命体からの侵入を防いでいるのである。

完

このストーリーを念頭に置いて，次ページに進むんじゃ

どうせ生体防衛の例え話なんでしょ

4-32 自然免疫① 物理的・化学的防御

> ## ココをおさえよう！
>
> 免疫とは，体内に侵入した異物（＝非自己）を認識し，排除する
> しくみのこと。
> 物理的防御…病原体などの異物を物理的に体内に侵入させないこ
> 　　　　　　と。
> 化学的防御…体表からの分泌物によって，細胞などの侵入を防ぐ
> 　　　　　　こと。

ヒトの体では，そもそも病原体などの異物を侵入させない「**物理的・化学的防御**」
を行っています。地球防衛軍の防衛線①にあたるものです。

・体表で侵入を防ぐ〈物理的防御〉

皮膚は，表面に近い表皮と，その内側の真皮，さらに内側には皮下組織が存在し
ています。

表皮の表面には，ケラチンというタンパク質からなる角質層があります。
角質層は，死細胞が隙間なく重なってできているのですが，この死細胞というの
がポイントです。なぜなら，ウイルスは生きた細胞にしか感染できないため，体
内に侵入するのが困難になるからです。
（私たちの肌の表面が死んだ細胞の集まりだなんて驚きですね）

また，気管内の表面にある繊毛は，粘液によってとらえた異物を外に押し出します。

・体表で侵入を防ぐ〈化学的防御〉

皮膚には皮脂腺や汗腺があります。ここから分泌される分泌物が皮膚の表面を弱
酸性に保つことで，病原菌の繁殖を防いでいます。汗にはリゾチームと呼ばれる
酵素も含まれており，細菌を破壊します。

外界と接しているのは，皮膚だけではありません。
眼や口・鼻・気管・消化管などの内壁も，外界と接しています。
例えば，涙やだ液などに含まれる酵素は異物を破壊し，異物の侵入を防いでいま
すし，食物に含まれる病原菌は強酸性の胃酸によって殺菌されます。

4

・物理的・化学的防御…皮膚や粘膜などによって体内に病原体などの異物が侵入するのを防ぐこと。

・体表で侵入を防ぐ〈物理的防御〉

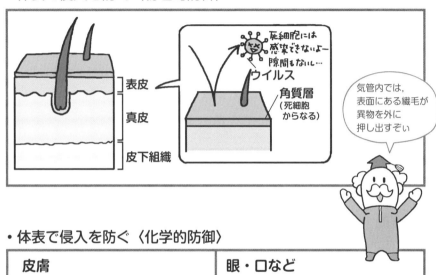

・体表で侵入を防ぐ〈化学的防御〉

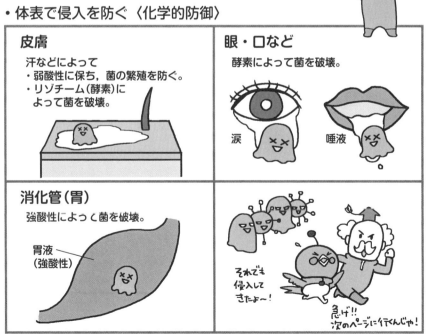

4-33 自然免疫② 食作用

ココをおさえよう！

食作用…異物を食べ，消化・分解して排除すること。食細胞が行う。

続いて，地球防衛軍の防衛線②にあたる**食作用**について。

物理的・化学的防御では，その名の通り，物理的・化学的に異物を排除していましたが，食作用では，しっかりと「非自己であることを認識」し，排除するというところが特徴です。

•『異物に突破されました！！』
皮膚や粘膜による物理的・化学的防御が，虚しくも異物によって突破されてしまいました。ここで，「食作用」の出番です。

• 食作用
食作用とは，その名の通り，異物を食べ（包み込み），消化・分解し，直ちに排除するはたらきを指します。食作用を示す細胞を**食細胞**といいます。
白血球の一種である**好中球**や，**マクロファージ**，**樹状細胞**が活躍します。

• 食作用の特徴
食作用は，異物であると認識したらすばやくはたらきます。異物が侵入してきたのですから，グズグズしていないで，とにかく排除しましょう，ということです。体内に侵入してきた異物の多くは，この自然免疫によって排除されます。

4

<table>
<tr><td>物理的・化学的防御（防衛線①）</td><td>食作用（防衛線②）</td></tr>
<tr><td>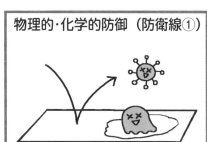
そもそも侵入させない。</td><td></td></tr>
</table>

・食作用…好中球（白血球の一種）・マクロファージ・樹状細胞によって行われる。

・食作用の特徴
・相手が異物であると認識したら，すばやくはたらく。
・体内に侵入してきた異物の多くを排除。

・好中球と，マクロファージ＆樹状細胞の異なる点

白血球の一種である好中球は，どんな異物であろうとおかまいなしに食作用を行い，ほとんどは異物とともに死んでしまいます。決死の攻撃をする好中球は，まるで特攻隊のようです。

一方，マクロファージや樹状細胞も，好中球と同じく，どんな異物であろうが関係なく食作用を行います。

好中球と異なるところは，その場で死んでしまうのではなく，防衛線②－2である「獲得免疫」のために，異物の情報をもち帰ることです。

マクロファージや樹状細胞がもち帰った異物の情報は，獲得免疫で活用されます。

・自然免疫に関わるそのほかの細胞

自然免疫では，食細胞が中心となってはたらきますが，他にも大切な細胞があります。それは，**NK（ナチュラルキラー）細胞**です。NK細胞は体内を循環し，ウイルスに感染した細胞などを死滅させます。

・炎症

体内に病原体が侵入すると，その部分に食細胞が集まり，病原体を排除しようと盛んに活動します。マクロファージは，食作用だけでなく，仲間の食細胞も集めようとします。するとその部分は血流が増え，熱をもって腫れます。これを**炎症**といいます。

4

・好中球と，マクロファージ＆樹状細胞の異なる点

好中球

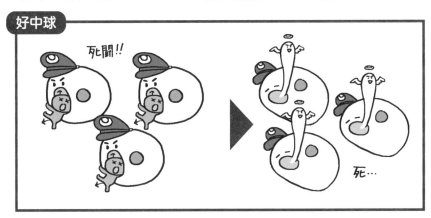

マクロファージ＆樹状細胞

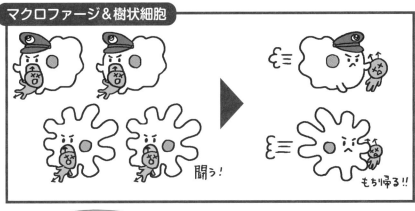

4-34　獲得免疫の概要

ココをおさえよう！

獲得免疫とは，抗原情報をもとに，抗原を排除するしくみのこと。

・『防衛線②－1，突破されました！！』

防衛線②－1「自然免疫」でも排除しきれなかった異物は，防衛線②－2「獲得免疫」によって排除しなければなりません。

・獲得免疫の概要

獲得免疫とは，非自己として認識した異物を，個別に区別して排除するしくみのことを指します。
このような，獲得免疫を引き起こす異物を**抗原**といいます。

誰かれかまわず食作用で異物を排除していく自然免疫とは異なり，異物がもつ抗原の情報をもとに，個別の対応（オーダーメイド）をするため，とても効率的に排除することができます。

・獲得免疫は，樹状細胞などが提示する抗原情報を，ヘルパーＴ細胞が受け取るところから始まる

防衛線②－1「自然免疫」にかかわっていた樹状細胞やマクロファージの一部は，異物の情報をリンパ節にもち帰ってきます。それを，**リンパ球の一種であるヘルパーＴ細胞**に提示します。これを**抗原提示**といいます。

この抗原提示が，獲得免疫開始の合図です。
抗原提示されたヘルパーＴ細胞は，**リンパ球の一種であるＢ細胞**，または**キラーＴ細胞**の活性化・増殖を促進します。

 Ｂ細胞も独自に抗原の情報をもとに，活性化・増殖を促進します。

Ｂ細胞がかかわる免疫を**体液性免疫**，キラーＴ細胞がかかわる免疫を**細胞性免疫**といいます。

 Ｔ細胞もＢ細胞も骨髄で作られますが，Ｔ細胞は胸腺に移動し，そこで成熟します。

・獲得免疫…抗原情報をもとに，抗原を排除するしくみ。

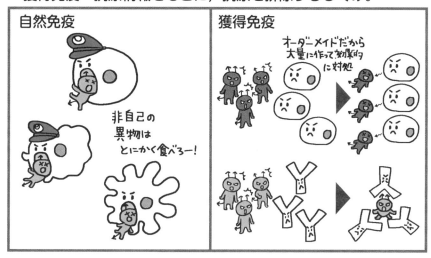

・獲得免疫は，樹状細胞などが提示した抗原情報を，ヘルパーT
　細胞が受け取るところから始まる。

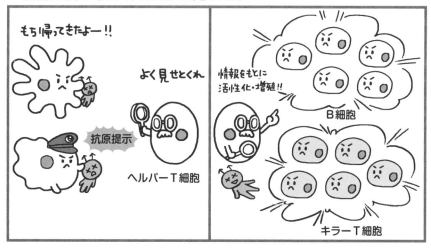

・B 細胞によって行われる免疫…体液性免疫
・キラー T 細胞によって行われる免疫…細胞性免疫

4-35 獲得免疫①　～体液性免疫～

ココをおさえよう！

体液性免疫とは，Ｂ細胞が増殖を繰り返したあと抗体産生細胞に
分化し，抗体を産生して抗原を無毒化する反応のこと。
抗体と抗原が結合する反応を，抗原抗体反応という。

ヘルパーＴ細胞が，Ｂ細胞の増殖を促進した場合について，見てみましょう。

・Ｂ細胞は抗体産生細胞に分化する

リンパ球の一種であるＢ細胞は増殖を繰り返したあと，**抗体産生細胞**に分化します。
抗体産生細胞とは，その名の通り，特定の抗原にのみ結合する**抗体**を産生し，体
液中に放出する細胞です。

・抗原抗体反応によって，抗原は無毒化される

放出された抗体は，抗原と結合する**抗原抗体反応**により，抗原を無毒化します。
無毒化するだけでなく，抗体が結合した抗原はマクロファージなどの食作用も受
けやすくなるため，体内から排除されやすくなるのです。

・抗体の正体

抗体は，**免疫グロブリン**と呼ばれる，Ｙ字形をしたタンパク質からなります。

Ｙ字形の二股の先は**可変部**と呼ばれ，抗体ごとに異なる構造をしています。
この部分で抗原と特異的に（ある特定の抗原にのみ）結合します。

一方，可変部以外は**定常部**といい，基本的にすべての抗体で同じ構造をしています。

補足▶ 抗体は，体液（血しょう）中に分泌されるので，体液性免疫と呼ばれるのです。

体液性免疫

・B細胞は抗体産生細胞に分化する。

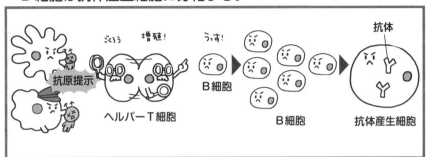

・抗原抗体反応によって，抗原は無毒化される。

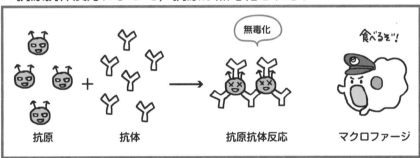

・抗体の正体

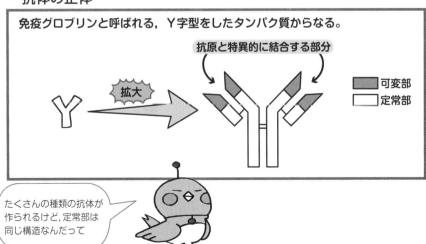

免疫グロブリンと呼ばれる，Y字型をしたタンパク質からなる。

たくさんの種類の抗体が
作られるけど,定常部は
同じ構造なんだって

4-36 獲得免疫② 〜細胞性免疫〜

ココをおさえよう！

細胞性免疫とは，キラーT細胞がウイルスなどに感染した細胞や
ガン細胞を直接攻撃・破壊する免疫のこと。
拒絶反応とは，細胞性免疫により非自己と判断された移植片がキ
ラーT細胞に攻撃され，脱落してしまうこと。

・細胞性免疫

ヘルパーT細胞は，**キラーT細胞**の増殖を促進します。

キラーT細胞は，ウイルスに感染した細胞やガン細胞を直接攻撃して破壊します。

このような，キラーT細胞による免疫を，**細胞性免疫**といいます。

・拒絶反応

キラーT細胞は，非自己と認識したら攻撃してしまいます。そのため，キラーT
細胞のはたらきは，他人の皮膚や臓器を移植した際に，定着せずに脱落してしま
う原因にもなってしまいます。

これを**拒絶反応**といいます。

そのため，他人から臓器が移植できないことがあります。
キラーT細胞の特性がアダとなってしまうこともあるということですね。

 この解決策になると考えられているのが**iPS細胞**なのです。

4

細胞性免疫

- キラー T 細胞は，ウイルスに感染した細胞やガン細胞を直接攻撃して破壊する。

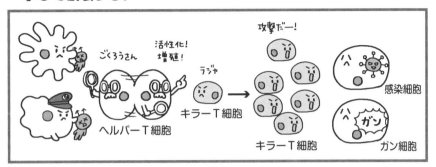

- 拒絶反応

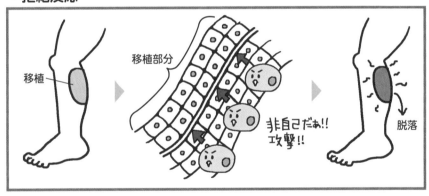

ここまでやったら
別冊 P. 30 へ

4-37 免疫寛容

ココをおさえよう！

1つのリンパ球は，1種類の抗原しか認識できない。
特定の抗原に対して獲得免疫がはたらかないようになっている状態を，免疫寛容という。

・B細胞，T細胞は，1種類の抗原しか認識できない

獲得免疫では，**リンパ球の一種である，T細胞とB細胞が活躍する**のでした。

そんなT細胞とB細胞には，**1つの細胞は1種類の抗原しか認識できない**という特徴があります。
例えば，ある1つのキラーT細胞は，ある1種類の抗原しか認識できない，ということです。

そこで，からだは「とにかくたくさんのリンパ球を用意しておく」という戦法で，さまざまな抗原に対処するようにしています。

・免疫寛容

たくさんのリンパ球がつくられる過程で，自分自身のからだの成分を抗原として認識してしまうものも出てきます。そのようなリンパ球がはたらいてしまうと，自分のからだを攻撃してしまうことになります。そうした事態がおきないよう，**自分自身のからだの成分を認識するリンパ球は死滅したり，はたらきが抑制されたりしています。**

このように，ある特定の抗原に対して獲得免疫がはたらかないような状態を，**免疫寛容**といいます。

・B 細胞, T 細胞は, 1 種類の抗原しか認識できない

・免疫寛容

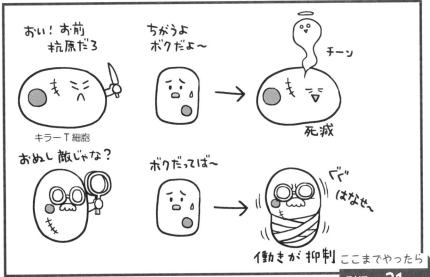

別冊 P. 31 へ

4-38 免疫記憶

ココをおさえよう！

1回目の免疫反応の際，B細胞やキラーT細胞，ヘルパーT細胞の一部が記憶細胞として残る。
そのため，2回目の免疫反応は迅速に起こる。
このような現象を，免疫記憶という。

・免疫記憶

獲得免疫では，樹状細胞やマクロファージによって抗原提示がされたあと，ヘルパーT細胞によってB細胞やキラーT細胞が活性化され，増殖が促進されるのでした。

その際，B細胞やキラーT細胞，ヘルパーT細胞の一部は，**記憶細胞**となって残ります。

記憶細胞が残ることによるメリットは，次もまた同じ抗原が体内に侵入してきた場合，すでに抗原に関する情報をもっているため，迅速に対応できるという点です。

このような現象を，**免疫記憶**といいます。

1回目の免疫反応を**一次応答**というのに対し，このような反応は**二次応答**と呼ばれます。

二次応答では，一次応答と比べ，抗体の産生が

　　☆短期間で
　　☆大量に

行われます。
キラーT細胞の活性化・増殖も急速に行われ，細胞性免疫もすばやく起こります。

・免疫記憶

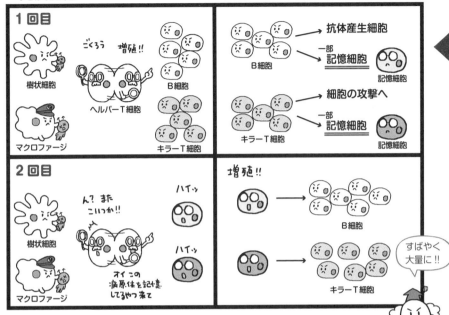

・一次応答と二次応答の抗体量のグラフ

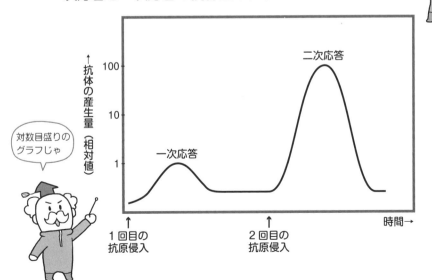

4-39　免疫と医療

ココをおさえよう！

・ワクチン療法…無毒化・弱毒化された抗原を接種し，あらかじ
　め抗体や免疫記憶細胞を作っておく療法。
・血清療法…ウマやウサギであらかじめ作っておいた抗体を患者
　に注射する療法。

免疫のしくみは，病気の予防や治療に利用されています。

代表的なものが，**ワクチン療法**と**血清療法**です。

・ワクチン療法

あらかじめ無毒化または弱毒化しておいた毒素や病原体を抗原として体内に接種
し，人為的に抗体や免疫記憶細胞を作らせておくのが**予防接種**です。こうするこ
とで，本当に毒素や病原体が侵入してきた際に二次応答を起こさせることができ
るため，抗体の産生が速く・効率的に行えるのです。
抗原として体内に接種する，無毒化または弱毒化された毒素や病原体を**ワクチン**
といいます。

ワクチン療法は，インフルエンザワクチンや百日咳などの感染症対策に用いられ
ます。皆さんが冬になると打つインフルエンザワクチン。あれは，実は体内で予
行演習するために，わざと抗原を打っているのです。

・血清療法

毒ヘビにかまれた場合，すぐに毒素を排除しなくてはいけません。
つまり，自分の体内で抗体が作成されるのを待つのでは遅いのです。

そのために，あらかじめ無毒化・弱毒化した毒素をウマやウサギなどの動物に接
種し，抗体を作らせておくのです。そうして，抗体を含む血清を患者に注射します。
このような療法を，血清療法といいます。

 血清とは，採血した血液を静置したあとにできる上澄みでしたね（p.200）。

免疫は病気の予防や治療に応用されている。

・ワクチン療法

・血清療法

4-40 免疫に関する疾患

ココをおさえよう！

・外来の異物に対し，免疫反応が過剰に起こることで，生体に不利益をもたらすことをアレルギーという。
・免疫にかかわる細胞に異常が生じるなどした結果，免疫機能が低下して感染症にかかりやすくなるといった症状が現れることがある。これを免疫不全という。
・自己の細胞や成分などを非自己だと認識し，攻撃してしまう疾患を自己免疫疾患という。

ここでは**免疫**に関する疾患について見てみましょう。

1）　免疫反応が過剰に生じることによって起こるもの（アレルギー）

花粉によって鼻水が出たり，サバや卵を食べると，じんましんやぜんそくなどの症状が現れることがあります。これは，これらの物質を抗原と認識し，抗原抗体反応が起きるからです。通常は問題のないものに対し，免疫反応が過敏に起きることで，生体に不利益をもたらすことを，**アレルギー**といいます。

・花粉症

花粉に対してB細胞が抗体を産生するのですが，この抗体がマスト細胞という細胞に付着します。マスト細胞上で抗原抗体反応（p.214）が起きると，マスト細胞からヒスタミンと呼ばれる物質が放出されてしまいます。これが，粘膜や神経を刺激することでアレルギー症状を引き起こすのです。

・アナフィラキシーショック

また，**アナフィラキシー**と呼ばれるアレルギーもあります。これは，体内の抗原抗体反応が過敏に起きた結果，現れる症状です。ハチに刺されたときや，食べ物が原因でも起こります。アナフィラキシーのうち，生死にかかわる重篤な症状を伴うものを**アナフィラキシーショック**といいます。

> 補足　アナフィラキシーは，その抗原が重ねて侵入してきた際に起こります。

・免疫に関する代表的な疾患

1) アレルギー…免疫反応が過剰に生じることによって起こるもの。

・花粉症

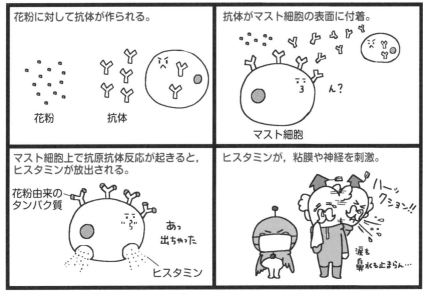

・アナフィラキシーショック

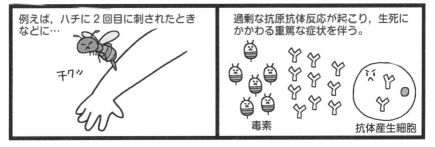

2）　免疫機能が低下したり，正常にはたらかなくなることで発症するもの（エイズ・自己免疫疾患）

・免疫不全

アレルギーは，免疫反応が過敏になることで現れる症状でしたが，逆に，免疫機能が低下して感染症にかかりやすくなるなどの症状が現れる状態を，**免疫不全**といいます。

免疫不全には，先天的なものと，後天的なものがあり，後天的なものの代表としては**エイズ（後天性免疫不全症候群）**が挙げられます。

エイズが発症する過程は，以下のようになっています。

HIV（ヒト免疫不全ウイルス）が，ヘルパーＴ細胞に感染し，ヘルパーＴ細胞を破壊します。これにより，Ｂ細胞やキラーＴ細胞の活性化と増殖が促進されなくなり，体液性免疫と細胞性免疫の両方のはたらきが機能しなくなります。その結果，免疫機能が著しく下がり，健康なヒトなら普通はかからないような，さまざまな感染症にかかってしまいます。これを**日和見感染**といいます。

・自己免疫疾患

自己の細胞や成分などを非自己だと認識し，攻撃してしまう疾患を，**自己免疫疾患**といいます。例としては，自分の関節組織が攻撃の対象となる関節リウマチなどが挙げられます。
また，インスリンの分泌細胞である，すい臓のランゲルハンス島Ｂ細胞が破壊されるⅠ型糖尿病も，自己免疫疾患の1つだと考えられています。

2) エイズ・自己免疫疾患…免疫機能が低下したり，正常にはたらかなくなることで発症するもの。

・**エイズ（後天性免疫不全症候群）**
　免疫不全…免疫機能が低下し，感染症にかかりやすくなったりする状態。
　├ 先天的
　└ 後天的…エイズ

HIVと呼ばれるウイルスがヘルパーT細胞に感染し，破壊する。

HIV
ヘルパーT細胞

B細胞やキラーT細胞の活性化と増殖が促進されなくなり……

おい もって来たぞ
うーん
B細胞
キラーT細胞

免疫機能が著しく下がる。

ヤバイ!
うーん

健康的なヒトなら普通はかからないような感染症にかかるようになる。

ゴホゴホ
日和見感染

・**自己免疫疾患**…自己の細胞や成分などを非自己と認識し，攻撃してしまう疾患。
　　　・関節リウマチ
　　　・Ⅰ型糖尿病など

同じ体の細胞だよう…
攻撃だ!!

抗体産生細胞

キラーT細胞

ここまでやったら

別冊 P.32 へ

ハカセの 宇宙一キビしい **チェック!!**

理解できたものに, ☑チェックをつけよう。

☐ 体液は血液・組織液・リンパ液の総称である。

☐ 体内環境を一定に保つはたらきを恒常性 (ホメオスタシス) という。

☐ ヒトの神経系は中枢神経系と末梢神経系からなり, 末梢神経系は体性神経系と自律神経系からなる。

☐ 自律神経系は交感神経と副交感神経からなり, 両神経が拮抗的にはたらく。

☐ 最終生成物が前の段階の器官に戻ってはたらきかけるしくみをフィードバック調節という。その中でも, 最終生成物が原因を抑制するようにはたらく場合を負のフィードバックという。

☐ 体液中の水分量が多いとき/少ないときのホルモン調整を説明できる。

☐ 血糖濃度が高いとき/低いときのホルモン調整を説明できる。

☐ 体温が高いとき/低いときのホルモン調整を説明できる。

☐ チロキシンが放出されるまでの流れを説明できる。

☐ バソプレシンが放出されるまでの流れを説明できる。

☐ インスリンが放出されるまでの流れを説明できる。

☐ グルカゴンが放出されるまでの流れを説明できる。

☐ アドレナリンが放出されるまでの流れを説明できる。

☐ 糖質コルチコイドが放出されるまでの流れを説明できる。

☐ 糖尿病とは, 血糖濃度が高いまま, 正常値に戻らない病気のことである。

☐ 免疫とは, 体内に侵入した異物を非自己であると認識し, 排除するしくみのことである。

- [ ] 免疫には自然免疫と獲得免疫があり，獲得免疫は体液性免疫と細胞性免疫に分けられる。

- [ ] 自然免疫の主なはたらきは，好中球・マクロファージ・樹状細胞による食作用である。

- [ ] 獲得免疫のうち，B細胞がかかわる免疫を体液性免疫という。B細胞は抗体産生細胞に分化して抗体を産生し，抗原抗体反応を起こす。

- [ ] 抗体は，免疫グロブリンと呼ばれるY字形をしたタンパク質からなる。

- [ ] 獲得免疫のうち，キラーT細胞がかかわる免疫を細胞性免疫という。

- [ ] 抗原に関する情報をもっている記憶細胞が，異物の侵入に迅速に対応する現象を免疫記憶という。

- [ ] 二次応答では一次応答と比べ，抗体の産生が短期間で大量に行われる。キラーT細胞の活性化・増殖も急速に行われ，細胞性免疫もすばやく起こる。

- [ ] ワクチン療法や血清療法は，免疫のしくみを医療に応用したものである。

- [ ] 免疫に関する疾患には，アレルギー（花粉症やアナフィラキシー），免疫不全，自己免疫疾患などがある。

地球の生物の起源は海らしい
この参考書が仕上がったら
海へフィールドワークに行くか！

海！
ステキな
響きっスね

生物の多様性と生態系

生物の多様性と生態系

はじめに

これまで (Chapter 1 ～ 4) は，生物そのものに焦点を当て，「生物の4つの共通点」
について勉強してきました。

しかし，どんな生物も，単独で生きてはいけません。

生物について深く理解するためには，生物を取り巻く環境についても，
きちんと理解しなくてはいけないのです。

というわけで，このChapterでは，生物を取り巻く環境や，生物どうしの関係な
どについて勉強していきます。

「生物基礎」では，生物の住む環境のうち，陸地の環境について，メインに勉強し
ていきますよ。

この章で勉強すること

・植生
・バイオーム
・生態系

Chapter1〜4 では，「生物の4つの共通点」について勉強してきた。

エネルギーを利用する
Chapter2

遺伝情報をもつ
Chapter3

細胞からなる
Chapter1

環境の変化に対応する
Chapter4

生物

でも どんな生物でも
単独じゃ生きて
いけないよ

この Chapter では，生物を取り巻く環境や，生物どうしの関係などについて勉強していく。

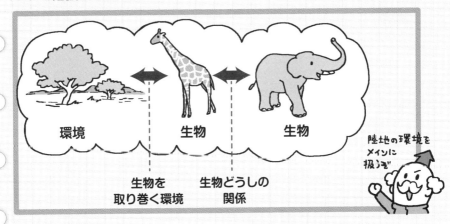

環境　　　　　生物　　　　　生物

生物を
取り巻く環境

生物どうしの
関係

陸地の環境を
メインに
扱うぞ

Let's
study!!

5-1　植生の分類

ココをおさえよう！

ある地域に生育している植物全体のことを植生という。
植生の外観上の様子を相観といい，森林・草原・荒原などに分類される。

ある地域に生育している植物全体のことを**植生**といいます。
植生は，「その地域に，どんな植物が，生育しているのか」をひと言で表した，便利な言葉です。例えば，「沖縄県の植生は……」などという使い方をします。

・植生の分類

植生の外観上の様子を，**相観**といいます。
植生は相観によって，森林・草原・荒原などに分類されます。
その空間を占有している面積が多い植物を**優占種**といいます。
相観は，優占種によって左右されます。
森林は**木本植物**（いわゆる「樹木」のこと）が優占種で，草原は**草本植物**（いわゆる「草」のこと）が優占種です。

・土壌

植生を外から眺めるのではなく，実際に足を踏み入れてみましょう。
すると，土壌も植生によって違いがあることがわかります。

土壌のつくりはどのようになっているのでしょう。
土壌は４つの層からできており，地表付近から順に，「①落葉・落枝が積もった層」→「②落葉・落枝が分解され，有機物がたまった層（腐植土層）」→「③岩石が風化して石や砂になった層」→「④岩石の層」と，基本的にはこのような感じになっています。

このように土壌は，岩石が風化してできた石や砂を材料としながら，落葉・落枝などが分解されてできた有機物が混ざり合ってできています。つまり，生物のはたらきによって作られているのです。

5

- 植生の分類…植生は外観上の様子（相観）で分類する。

森林　　草原　　荒原

外観上の見た目で分類するぞ

- 相観は，その空間を最も占有している植物（優占種）に左右される。

森林
（優占種：木本植物）

草原
（優占種：草本植物）

草原にも木本植物はあるけど優占種じゃないっスね

植物の働きによって土壌ができるぞい

- 土壌の断面図

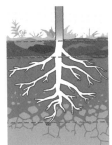

①落葉・落枝の層

②腐植土層

③岩石が風化して石や砂になった層

④岩石の層

ここまでやったら

別冊 P.34 へ

5-2 森林の階層構造

ココをおさえよう！

森林の内部には，階層構造（高木層・亜高木層・低木層・草本層）
が見られる。
森林の上部を林冠，下部を林床という。

森林の構造について，くわしく見ていきましょう。

・森林には階層構造がある

発達した森林の中には，さまざまな高さの木が存在しています。
森林を構成する植物の高さによって，**高木層・亜高木層・低木層・草本層**が形成
されます。このような，森林の内部に見られる，植物の高さによって層状になっ
ている構造を，**階層構造**といいます。

 森林の階層構造は，多くの種類の樹木が生育する環境（熱帯・亜熱帯・温帯など）で
発達します。しかし，このような環境でも，成長の途中の森林では階層構造は見られ
ないこともあります。
一方，少ない種類の樹木しか生育できない環境（亜寒帯など）においては，階層構造
があまり見られません。

また，森林の上部の，葉が密になっている部分を**林冠**といい，地表に近い部分を
林床といいます。

・林冠から林床に至るまでに，降り注ぐ光は減る

森林に降り注ぐ光に注目してみましょう。
林冠には太陽光が直接照射されますが，葉に光が吸収されるので，下の階層にな
るにつれ降り注ぐ光が減り，林床にはあまり光が届きません。
そのため，林床付近では，あまり光が届かないところでも生育できる植物（陰生
植物）が，多く存在します。

 森林によっては，高木層を光が通り抜けると光の強さが10％にまで減少することが
あります。

・森林には階層構造がある。

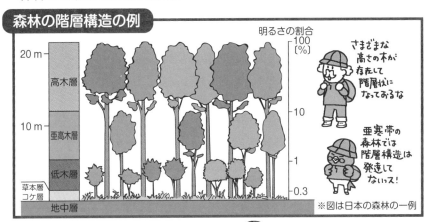

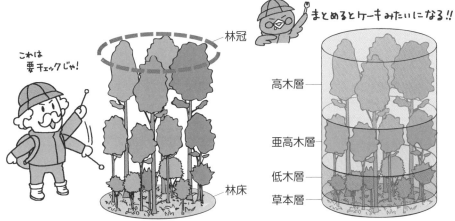

・林冠から林床に至るまでに，降り注ぐ光は減る。

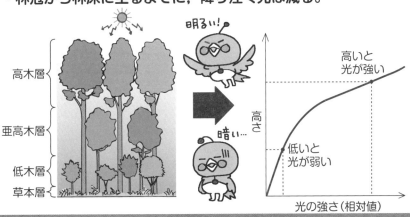

5-3 光合成速度

ココをおさえよう！

・見かけの光合成速度＋呼吸速度＝光合成速度
・光合成速度は光の強さに依存する。
・光飽和点…それ以上強くしても光合成速度が変わらないような
　　　　　　　　光の強さ。
・光補償点…見かけの光合成速度が0になる光の強さ。
　　　　　　　このとき，呼吸速度＝光合成速度

・陽生植物と陰生植物

日当たりのよい環境で，速く成長する植物を**陽生植物**といいます。
（また，陽生植物の性質をもつ樹木を**陽樹**といいます）
日当たりのよくない環境でも，ゆっくりと成長できる植物を**陰生植物**といいます。
（陰生植物の性質をもつ樹木を**陰樹**といいます）

 補足　陰樹は，幼木のときは光の害を受けやすく，強い光のもとでは生育できませんが，成長すると，強い光のもとでも生育できるようになります。

陽生植物と陰生植物は，どうしてこのように成長の仕方が違うのでしょうか？
それを知るためには，**光合成速度**について勉強する必要があります。

・光合成速度とは？

光合成速度とは「**時間あたり，どれくらい光合成をするか**」を表したものです。
光合成には二酸化炭素が使われるため，二酸化炭素吸収速度（時間あたり，どれくらい二酸化炭素を吸収するか）を指標にします。

二酸化炭素吸収速度が速いということはたくさん光合成をしているということですし，二酸化炭素吸収速度が遅いということは，あまり光合成をしていないということですからね。

・陽生植物と陰生植物

> 陽生植物…日当たりのよい環境で，速く成長する植物。
> 　　　　　陽生植物の性質をもつ樹木を陽樹という。
> 陰生植物…日当たりのよくない環境でも，ゆっくりと成長
> 　　　　　できる植物。
> 　　　　　陰生植物の性質をもつ樹木を陰樹という。

・光合成速度とは？

> 光合成速度＝「時間あたり，どれくらい光合成をするか」

> 二酸化炭素吸収速度＝「時間あたり，どれくらい二酸化炭素を
> 　　　　　　　　　　吸収するか」

ある植物を透明なケースの中に入れて，照射する光の量を変化させたときの，二酸化炭素（CO$_2$）吸収速度の変化を調べると，右ページのようになりました。

これからの話は，このグラフをもとにしていくことにしましょう。
グラフを "点a → 点b → 点c" という順に右上へと目を移して見ていきますよ。

・呼吸速度と光の強さ

まずは点aです。ここでは光の強さが0なので光合成はしていません。
そして，CO$_2$吸収速度はマイナスになっています。
吸収速度がマイナスということは，吐き出しているということです。
二酸化炭素を吐き出すといえば，そう，呼吸ですね。
点aと原点0との差が，呼吸で吐き出されている二酸化炭素を表しているので，これを**呼吸速度**といいます。

植物は光が当たろうが当たるまいが，常に呼吸をしています。
常に同じだけの二酸化炭素が植物から吐き出されていると考え，**呼吸速度はあらゆる光の強さで同じと考えていきます**よ。

 光の強さが増加するにつれて，呼吸速度は減少することが知られていますが，「生物基礎」では話を簡単にするため，一定とすることが多いです。

続いて，点aと点bの間に注目します。
この場合は弱いながらも光は当たっているので，植物は光合成をしており，二酸化炭素を吸収しています。
しかし，CO$_2$吸収速度はマイナスですね。
その理由は，呼吸によって吐き出す二酸化炭素の量のほうが，光合成のために吸収する二酸化炭素の量より多いからです。

・呼吸速度と光の強さ

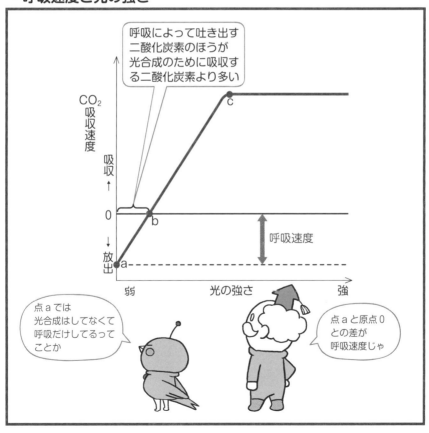

・光補償点

前ページに続いて，グラフに注目しましょう。次は点bです。

この光の強さのとき，CO_2吸収速度が「0」になっています。

「0」というのは何もしていないということではなく，呼吸により放出する二酸化炭素量と，光合成のために吸収する二酸化炭素量がつり合っているということです。

"呼吸速度＝光合成速度"ということですね。

このときの光の強さを**光補償点**といいます。**これより当たる光が弱い環境では，この植物は生育できません**。

・光飽和点

点bより右側（光が強いとき）はグラフのCO_2吸収速度がプラスになります。

呼吸による二酸化炭素の放出量より，光合成のための二酸化炭素吸収量が多くなった，ということです。

光をもっと強くしていくと，点cのところで，CO_2吸収速度が最大となり，これ以上大きくならなくなります。

このときの光の強さ**光飽和点**といいます。

・光合成速度と呼吸速度，見かけの光合成速度

ここまで，少しずつ光を強くしながら，グラフのCO_2吸収速度の変化を説明してきました。

光合成によるCO_2吸収速度（＝**光合成速度**）が，**呼吸によるCO_2放出速度**（**呼吸速度**）を上回ったときにはじめて，その差にあたる分がグラフ上でプラスとして現れるのが，おわかりいただけたと思います。

この「グラフ上でプラスとして現れたCO_2吸収速度の値」を**見かけの光合成速度**といいます。

簡単に式にまとめると，"**見かけの光合成速度＋呼吸速度＝光合成速度**"ということです。

グラフの見方がわかりましたでしょうか？　しっかり理解しておいてくださいね。

前ページからの
つづきッス

・光補償点と光飽和点

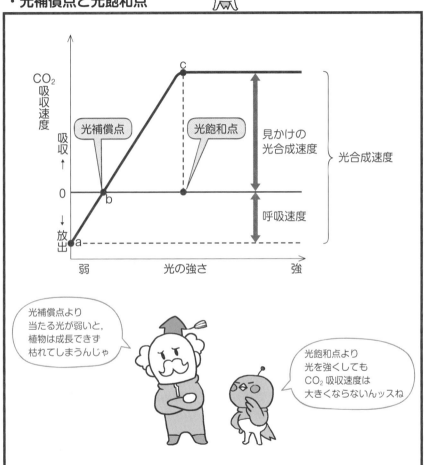

見かけの光合成速度　＋　呼吸速度　＝　光合成速度

・・・

・陽生植物と陰生植物の違い

さて，**陽生植物**と**陰生植物**の違いの話に戻りましょう。

ここまでで光合成速度について勉強してきたわけですが，
結局，陽生植物と陰生植物の違いとは何なのでしょうか？

それは，光補償点と光飽和点の違いです。
光補償点よりも光が弱いと，植物は生育できないのでした。
それを念頭に読んでくださいね。

陽生植物は光補償点も光飽和点も高いです。
光補償点が高いということは，弱い光のもとでは生きていけないということです。
また光飽和点が高いということは，強い光のもとではたくさん光合成をして，グングン成長できるということを表します。

陰生植物は光補償点も光飽和点も低いです。
光補償点が低いということは，弱い光のもとでも生きていけるということです。
光飽和点が低いということは，強い光のもとでも光合成の速度があまり上がらず，成長速度が上がらないことを表します。

陽生植物と陰生植物のグラフを重ねてみると右ページのようになります。
光の強さが①の範囲では，陽生植物も陰生植物も生育できません。
②の範囲では陽生植物は生育できませんが，陰生植物は生育できます。
③の範囲では陽生植物も生育できるようになりますが，陰生植物のほうが早く育ち，
④の範囲では陽生植物のほうが早く育ちます。

・陽生植物と陰生植物の違い

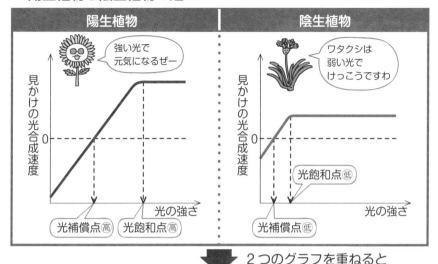

２つのグラフを重ねると

① どちらも生育できない。
② 陽生植物は生育できないが
　陰生植物は生育できる。
③ 陽生植物も生育できるが
　陰生植物のほうが早く育つ。
④ 陽生植物のほうが早く育つ。

イメージ

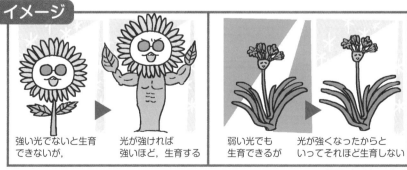

強い光でないと生育できないが，　光が強ければ強いほど，生育する

弱い光でも生育できるが　光が強くなったからといってそれほど生育しない

ここまでやったら
別冊 P.34 へ

5-4　植生の遷移

ココをおさえよう！

> 一次遷移は土壌がほとんどない状態から始まる遷移で，陸上から始まる乾性遷移と，湖沼から始まる湿性遷移がある。

植生は森林・草原・荒原の3つに大別できるとお話ししましたが（→p.234），実は植生は長い年月とともに変化します。

ある地域が今，荒原だったとしても，森林に発達する途中かもしれないのです。このように植生が移り変わることを植生の**遷移**といいます。

 「遷移」という言葉には，一般的に「ある状態から他の状態へ移り変わる」という意味があります。

植生の遷移について，くわしく見てみましょう。

・遷移の概要

遷移には，大きく分けて2つあります。**一次遷移**と**二次遷移**です。

一次遷移は，火山の噴火によって溶岩におおわれるなど，土壌がほとんどない状態から始まる遷移です。陸上から始まる遷移を**乾性遷移**，湖沼から始まる遷移を**湿性遷移**といいます。

そして，荒原→草原→森林と遷移し，やがて**極相**という状態になります。極相とは，構成する植物に大きな変化が見られない状態をいいます。
しかし，もし極相になったとしても，山火事や伐採などによって森林が消滅し，再び遷移が起こることもあります。このような遷移を二次遷移といいます。

二次遷移では，植物の生育に必要な土壌がすでにあり，そこに種子や根などが残っていたりするので，一次遷移よりも短時間で新たな植生が形成されます。山火事や森林伐採の跡，放棄された耕作地などで見られる遷移です。

・植生の遷移

火山の溶岩が流れた跡だったとしても…

やがて草が生え…

森林に遷移することもある

・一次遷移…乾性遷移と湿性遷移がある。

乾性遷移：土壌がほとんどない陸上から始まる。

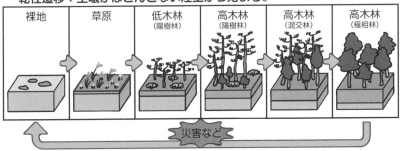

| 裸地 | 草原 | 低木林
(陽樹林) | 高木林
(陽樹林) | 高木林
(混交林) | 高木林
(極相林) |

災害など

湿性遷移：湖沼から始まる。

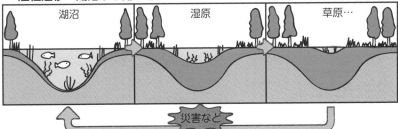

| 湖沼 | 湿原 | 草原… |

災害など

・二次遷移…すでに土壌があり，土壌に種子や根などが残った状態から始まる。

| 山火事 | 伐採 | 放棄された耕作地 | 森林 |

植物が育つ条件がそろった状態からのスタート

一次遷移よりも短時間で!!

5-5　一次遷移①　〜乾性遷移〜

ココをおさえよう！

乾性遷移は「先駆植物の侵入→草原の形成→低木林の形成→
高木林の形成→極相林の形成」という順で遷移が進む。
ギャップとは，自然災害などによって極相林の一部の高木が倒れ，
林床に光が届くようになった場所のこと。

一次遷移には，乾性遷移と湿性遷移の2種類があるのでしたね。
それぞれ，もう少しくわしく見ていきましょう。

・乾性遷移

乾性遷移は，陸上において，火山の溶岩が流れた跡などの，土壌がほとんどない
裸地から始まる遷移です。
土壌が乏しいため保水力が弱く，水分や栄養塩類も少ない状態からスタートします。さらに地表は直射日光にさらされるため，乾燥しています。このような，植物がまったく生育できそうにない環境からのスタートですが，一体どのように遷移していくのでしょうか？　日本で遷移が起きたと仮定して，見ていきましょう。

ステップ①：先駆植物の侵入

まずは，ススキやイタドリなどの厳しい環境に耐えることのできる**草本類**が侵入します。
このような，土地に最初に侵入する植物を**先駆植物**（パイオニア植物）といいます。
裸地の状況によっては，地衣類やコケ類が先駆種として侵入することもあります。

ステップ②：草原の形成

先駆植物が定着すると，それらの枯死体などにより，土壌が形成されます。土壌の保水性が高まり，栄養塩類も増えてくると，種子が風などで運ばれて，他の種の草本類も侵入し，年月とともに個体数を増やして草原を形成します。

ステップ③：低木林の形成

土壌の形成がさらに進むと，鳥や風などで種子が運ばれて，**木本類**が侵入します。
このとき侵入する木本は，強い光のもとで速く成長する，ヤシャブシやヌルデなどの**陽樹**です。それらの陽樹により低木林が形成されます。

5

・乾性遷移…土壌が乏しい陸地から始まる遷移。

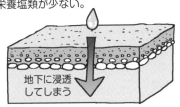

土壌が乏しいため保水力が弱く，水分や栄養塩類が少ない。

地下に浸透してしまう

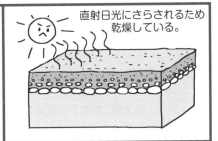

直射日光にさらされるため乾燥している。

ステップ① 先駆植物の侵入

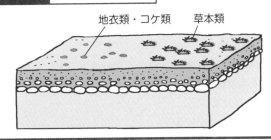

地衣類・コケ類　　草本類

ススキやイタドリなどのような，土地に最初に進入する植物を先駆植物という。
地衣類やコケ類が侵入することもある。

ステップ② 草原の形成

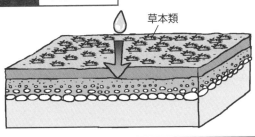

草本類

先駆植物の枯死体などにより土壌が形成される。土壌の保水性が高まり，栄養塩類も増えてくると，他の草本類も侵入するようになり，草原が形成される。

ステップ③ 低木林（陽樹林）の形成

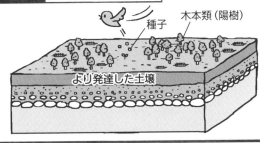

種子　　木本類（陽樹）

より発達した土壌

土壌の形成がさらに進むと，鳥などによって種子が運ばれて木本類が侵入し，やがて低木林（陽樹林）が形成される。

ステップ④：高木林（陽樹林）の形成

土壌がさらに発達し，高木も生育できるようになります。アカマツやクロマツなどといった陽樹の高木林が形成されます。

ステップ⑤：高木林（陽樹＆陰樹の混交林）の形成

高木の陽樹がしげると，十分な光が林床に届かなくなります。

すると，陽樹の幼木は育ちにくくなり，少ない光でも成長できるスダジイやタブノキといった陰樹の幼木が育つようになります。

時間が経つと，陽樹と陰樹の高木が混ざった混交林になります。

ステップ⑥：高木林（陰樹林）の形成

林床で陽樹の幼木が育ちにくいため，陽樹と陰樹の混交林は，次第に陰樹にとって代わるようになり，最終的に陰樹林となります。こうして，構成する種や相観に，大きな変化が見られない状態となります。

この状態を，**極相（クライマックス）**といいます。

また，極相に達した森林を，**極相林**といいます。

極相林になったとしても，自然災害（山火事，土砂くずれ，台風など）によって森林が破壊され，再び遷移がスタートすることもあります。つまり，極相とはいっても，そこから変化しないというわけではありません。

 地域・気候によっては森林にならないことも多いです。草原までで遷移が止まる場合などもよくあります。

5

ステップ④　高木林（陽樹林）の形成

陽樹

さらに発達した土壌

土壌がさらに発達して、高木も生育できるようになり、陽樹の高木林（陽樹林）が形成される。

ステップ⑤　高木林（陽樹＆陰樹の混交林）の形成

陰樹　　陽樹

陰樹の幼木

林床に十分な光が届かない

高木の陽樹がしげると、十分な光が林床に届かなくなるため、陽樹の幼木は育たなくなり、陰樹の幼木が育つようになる。やがて、陽樹と陰樹の混ざった混交林が形成される。

ステップ⑥　高木林（陰樹林）の形成

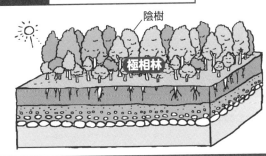

陰樹

極相林

林床で陽樹の幼木が育ちにくいため、陽樹は陰樹にとって代わるようになり、最終的に陰樹林となる。この状態を、極相といい、極相に達した森林を極相林という。

山火事　　　土砂くずれ　　　台風

逃げろー!!

・・・・・・・・・・・・・・・・・・・・・・・・・・・・・・・・・・・・

・ギャップの形成

自然災害などによって極相林の一部の高木が倒れ，林床まで光が届くようになることがあります。

こうしてできた場所を**ギャップ**といいます。

ギャップが小さい場合は，森林内に差し込む光が弱いために陽樹は生育できず，陰樹の幼木が成長してギャップを埋めるようになります。

ギャップが大きい場合は，森林内に差し込む光が十分強いため，陽樹の幼木がよく成長してギャップを埋めるようになります。

このようなことが起きるため，極相林のところどころに陽樹が混じっていることも多いのです。このような，ギャップにおける植物の入れ替えを，**ギャップ更新**といいます。

つまり，極相林も，部分的な遷移を繰り返しているということですね。

 補足 極相林でなくてもギャップ更新が起こることがあります。

・ギャップの更新

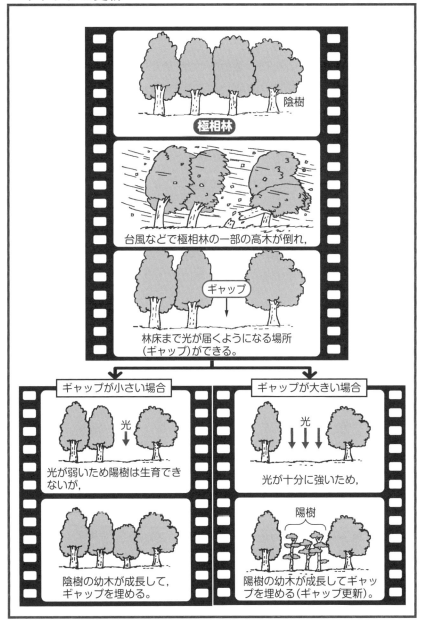

5-6　一次遷移②　〜湿性遷移〜

> ### ココをおさえよう！
>
> 湿性遷移は「湖沼に生物の遺骸や土砂がたい積し，浅くなる→
> 浮葉植物が生育→湿原の形成→草原の形成→乾性遷移と同じ過程」
> という順で起こる遷移。

さて，次は一次遷移のうちの，**湿性遷移**について勉強しましょう。

湿性遷移とは，湖沼から始まる遷移のことをいいます。湖沼から始まり，陸上の植生に変化していきます。

ステップ①：生物の遺体や土砂がたい積し，浅くなる
時間が経つにつれ，生物の遺骸や土砂がたい積するので，浅くなっていきます。また，**沈水植物**（植物全体が水中にある植物）などが生えてきます。

ステップ②：浅くなった湖沼に，浮葉植物などが生えてくる
湖沼が浅くなると，**浮葉植物**（葉が水面に浮いている植物）が生えてきて，水面をおおうようになります。

ステップ③：湿原の形成
浮葉植物などの枯死体のたい積や，土砂の流入によって水深がさらに浅くなると，湖沼は水分を多く含むコケ類や草本類からなる湿原へと変わっていきます。

ステップ④：草原の形成
さらに植物の枯死体や土砂がたい積して陸地化が進み，徐々に草原へと変わっていきます。

そして，この後，気候などの条件によっては乾性遷移と同じ過程をたどります。つまり，低木林→陽樹林→混交林→極相林という流れです。

もちろん，遷移の途中で自然災害などが起こることで，ギャップが生じたり，裸地に戻ったりして，遷移が繰り返されるのも，乾性遷移と同じです。

・湿性遷移…湖沼から始まる遷移。

ステップ① 生物の遺体や土砂がたい積し，浅くなる

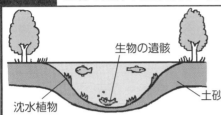

時間が経つにつれて，生物の遺骸や土砂がたい積するので，湖沼は浅くなっていき，沈水植物などが生えてくる。

ステップ② 浅くなった湖沼に，浮葉植物が生えてくる

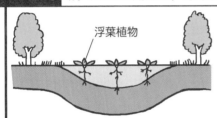

湖沼が浅くなると，浮葉植物が生えてきて，やがて水面をおおうようになる。

ステップ③ 湿原の形成

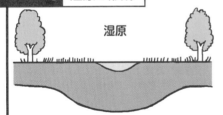

浮葉植物などの枯死体のたい積や，土砂の流入により，水深がさらに浅くなり，湿原へと変わっていく。

ステップ④ 草原の形成

さらに植物の枯死体や土砂がたい積して陸地化が進み，徐々に草原へと変わっていく。

この後は乾性遷移と同じ経路をたどるぞい

5-7　二次遷移

━━━━━━━━━━━━━━━━━━━━━━━━━━━━━━━━━━━

ココをおさえよう！

二次遷移は，すでに植物の生育に必要な土壌があり，そこに種子
や根などが残った状態から始まる遷移。

一次遷移は，土壌がそもそもない状態から始まる遷移でした。

一方，山火事の跡や森林の伐採跡地，耕作を放棄した場所には，すでに植物の生
育に必要な土壌があり，水分や栄養塩類，種子や根が残っていたり，樹木の切り
株から新芽が出ていたりします。
二次遷移は，このような状態から始まります。

すでに植物が育つ下地があるため，二次遷移は一次遷移に比べ，短期間で新たな
植生が形成されます。

・二次遷移

例えば，一次遷移が終わって
極相林となったあとなどに，

やっと森林に
なったぞ゛

自然災害や森林伐採などの跡地から
始まる遷移。

台風　うゎー‼

森林伐採　うゎー‼

山火事　うゎー‼

すでに土壌があり，水分や栄養塩類，種子や根が残っていたり，
樹木の切り株から新芽が出ていたりする状態であるため，

新芽

土壌

水分　栄養塩類　種子　根

一次遷移に比べ，短期間で新たな植生が形成される。

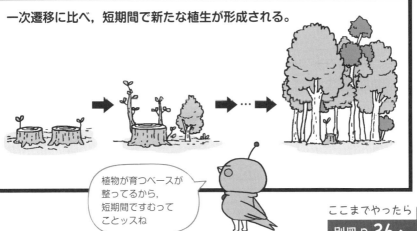

植物が育つベースが
整ってるから，
短期間ですむって
ことッスね

ここまでやったら

別冊 P.36 へ

5-8　植生と気候の関係

> ### ココをおさえよう！
>
> 植生は，主に気温と降水量によって決まる。
> 森林は，熱帯多雨林・亜熱帯多雨林・雨緑樹林・照葉樹林・硬葉
> 樹林・夏緑樹林・針葉樹林に大別できる。
> 草原はサバンナとステップに大別でき，荒原は砂漠とツンドラに
> 大別できる。

植生は，森林・草原・荒原の3つに大別でき，地域によって基本的には植生が決まっています。
例えば，アマゾンは森林，モンゴルは草原，サハラ砂漠は荒原，というように決まっています。

地域によって植生が異なるのは，植生が，**気温**や**降水量**などの気候的な要因に大きく影響を受けているからです。
植生と気候の関係は，以下のようにまとめることができます。
　　☆森林……降水量が多い地域
　　☆草原……降水量が少ない地域
　　☆荒原……降水量が極端に少ない地域，気温が極端に低い地域

 似た気候でも，平地や山地，水辺などといった場所の特徴にも植生は影響を受けます。場所によっては，人為的な影響を受けている植生が見られます。

・森林

森林は，降水量が多い地域で見られる植生です。
木本植物が密に生息している外観が特徴です。

森林は，**熱帯多雨林・亜熱帯多雨林・雨緑樹林・照葉樹林・硬葉樹林・夏緑樹林・針葉樹林**に大別できます。

熱帯多雨林は熱帯，亜熱帯多雨林は亜熱帯に分布しています。これは名前からわかりますね。
雨緑樹林は，熱帯・亜熱帯の，雨季と乾季がある地域に分布しています。
照葉樹林と硬葉樹林は暖温帯，夏緑樹林は冷温帯，針葉樹林は亜寒帯にそれぞれ分布しています。

5

Q 地域によって植生が決まっているのはなぜ？

A 植生は，気温・降水量に大きく影響を受けるから。

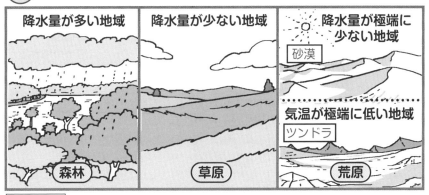

| 森林 | 特徴①：降水量が多い地域で見られる植生。 |
| | 特徴②：木本植物が密に生息している。 |

・草原

降水量が少ない地域に見られ，草本植物が優占種の植生です。

草原は，**サバンナ**と**ステップ**に大別できます。

サバンナは熱帯，ステップは温帯に分布しています。

・荒原

厳しい環境（寒冷地や乾燥地，高山，溶岩流の跡地など）で見られる植生で，それぞれの厳しい環境に適した草本植物がまばらに存在しているという特徴があります。

荒原は，**砂漠**と**ツンドラ**に大別できます。

砂漠は熱帯や温帯の降水量が少ない乾燥した地域に，ツンドラは寒帯の降水量が少ない地域にそれぞれ分布しています。

 ツンドラの地下には永久凍土が広がっています。

5

| 草原 | 特徴①: 降水量が少ない地域に見られる植生。
特徴②: 草本植物が優占種。 |

サバンナ	ステップ
熱帯に分布。	温帯に分布。

| 荒原 | 特徴①: 寒冷地や乾燥地，高山，溶岩流の跡地などに見られる植生。
特徴②: 草本植物がまばらに存在。 |

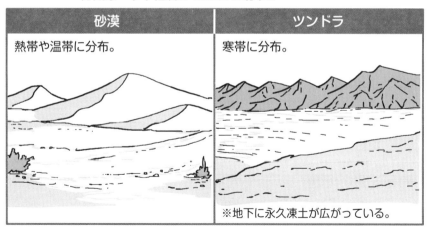

砂漠	ツンドラ
熱帯や温帯に分布。	寒帯に分布。
	※地下に永久凍土が広がっている。

5-9　世界のバイオーム

ココをおさえよう！

世界の陸地のバイオームは気候（気温と降水量）で分類される。

ある地域に生息する植物（植生）・動物・微生物などをまとめて**バイオーム**（**生物群系**）といいます。

世界の陸地のバイオームは，植生に応じて分類されます。

なぜなら，そこにどんな動物や微生物が生息できるかは，そこで生育している植物に大きな影響を受けているからです。

植生は森林・草原・荒原に大別され，例えば草原がステップとサバンナに分類されるように，「森林」「草原」「荒原」はそれぞれ何種類かに細かく分けられるのでした。

その細かく分けた植生の分類が，バイオームの分類ということです。

植生の分類（＝バイオームの分類）は，気候（気温と降水量）によって決まります。

バイオームの分布を世界地図に記したのが右ページの 図1 です。

そして，気候とバイオームの関係を記したのが右ページの 図2 です。

図1 と 図2 を一緒に見ると，その地域の気温・降水量・植生がわかりますね。

世界のバイオーム

ある地域に生息する植物・動物・微生物などをまとめてバイオームというぞい

・陸地のバイオームは植生に応じて分類される。

例えば…　　植物

食べ物　　　すみか

食べ物やすみかなど,植物に大きく依存しているッスね

・世界のバイオームと気候の関係

図1

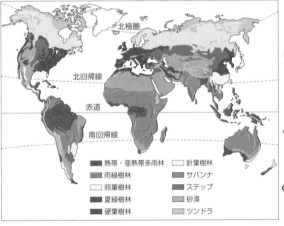

北極圏

北回帰線

赤道

南回帰線

■ 熱帯・亜熱帯多雨林　　□ 針葉樹林
■ 雨緑樹林　　　　　　　■ サバンナ
□ 照葉樹林　　　　　　　■ ステップ
■ 夏緑樹林　　　　　　　■ 砂漠
■ 硬葉樹林　　　　　　　□ ツンドラ

似た気候(気温と降水量)の地域は似たバイオームになっておるぞ

図2

例えば年平均気温が 20〜25℃,年降水量が 1500〜2000 mm の地域は「雨緑樹林」に分類されるということじゃ

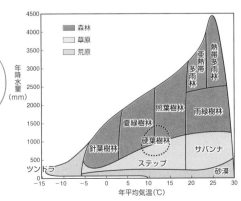

■ 森林
□ 草原
■ 荒原

年降水量(mm)

4500
4000
3500
3000
2500
2000
1500
1000
500
0

熱帯多雨林
亜熱帯多雨林
照葉樹林
雨緑樹林
夏緑樹林
硬葉樹林
サバンナ
針葉樹林
ステップ
砂漠
ツンドラ

−15　−10　−5　0　5　10　15　20　25　30
年平均気温(℃)

5-10　日本のバイオーム①　〜水平分布〜

ココをおさえよう！

緯度に沿ったバイオームの分布を水平分布という。
日本の水平分布は，亜熱帯多雨林・照葉樹林・夏緑樹林・針葉樹林からなる。

日本も，各地域の気候によってバイオームは異なります。

・水平分布

緯度に沿ったバイオームの分布を水平分布といいます。

もう少しわかりやすくいうと，日本を上空から見たときのバイオームの分布が**水平分布**です。世界のバイオームで注目していたのも，水平分布でした。

・日本は年降水量の多い地域

日本は年降水量の多い地域に分類されます。普通，降水量の多い地域のバイオームは，熱帯多雨林→亜熱帯多雨林→照葉樹林→夏緑樹林→針葉樹林→ツンドラという順で変化します。

しかし，日本には，極端に気温の高い地域や，極端に気温の低い地域がないので，世界のバイオームで見られた両端の気候（熱帯多雨林とツンドラ）を除く，亜熱帯多雨林→照葉樹林→夏緑樹林→針葉樹林というバイオームの変化を見せます。

・代表的な植物

それぞれのバイオームの代表的な植物を載せておきますね。

☆亜熱帯多雨林…ガジュマル・アコウ・マングローブ（海水にも耐性のある常
　　　　　　　　緑広葉樹の総称）など
☆照葉樹林………クスノキ・タブノキ・スダジイ・アラカシなど
☆夏緑樹林………ブナ・ミズナラなど
☆針葉樹林………トドマツ・エゾマツ・シラビソなど

日本のバイオーム

・水平分布

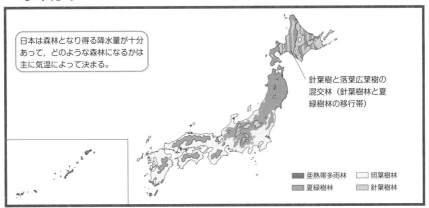

日本は森林となり得る降水量が十分あって，どのような森林になるかは主に気温によって決まる。

針葉樹と落葉広葉樹の混交林（針葉樹林と夏緑樹林の移行帯）

■ 亜熱帯多雨林　□ 照葉樹林
■ 夏緑樹林　　　■ 針葉樹林

・日本は年降水量の多い地域

~~熱帯多雨林~~ ➡ 亜熱帯多雨林 ➡ 照葉樹林 ➡ 夏緑樹林 ➡ 針葉樹林 ➡ ~~ツンドラ~~

日本は年降水量の多い地域ではあるが，両端の気候は存在しないため，バイオームの変化は上のようになる。

・代表的な植物

亜熱帯多雨林	照葉樹林	夏緑樹林	針葉樹林
・ガジュマル ・アコウ ・マングローブ 　（オヒルギ・ 　メヒルギなど） 　　　　など	・クスノキ ・タブノキ ・スダジイ ・アラカシ 　　　　など	・ブナ ・ミズナラ 　　　など	・トドマツ ・エゾマツ ・シラビソ 　　　など

5-11　日本のバイオーム②　～垂直分布～

ココをおさえよう！

標高に対応したバイオームの分布を垂直分布という。
垂直分布は，丘陵帯・山地帯・亜高山帯・高山帯に分けられる。
亜高山帯と高山帯の境界線を森林限界といい，森林限界より高度
が高くなると高木が生育できず，森林が見られなくなる。

・垂直分布

日本が2次元の世界であったなら，水平分布だけ勉強すればいいのですが，私た
ちが住んでいる世界は（残念ながら？），3次元です。

ということは，標高についても考えなくてはいけません。標高が高くなるにつれ
て気温は下がっていきますので，バイオームにも変化が見られます。

このような，垂直方向の変化に対応したバイオームの分布を**垂直分布**といいます。

 気温は，標高が1000 m高くなるごとに，5～6℃低くなります。

・丘陵帯・山地帯・亜高山帯・高山帯

垂直分布は，高度の低いところから高いところに向かって，**丘陵帯・山地帯・亜
高山帯・高山帯**に分けられます。例えば，本州中部の山では，丘陵帯には**照葉樹
林**が，山地帯には**夏緑樹林**が，亜高山帯には**針葉樹林**が見られます。

これらの分布帯の境界線の標高は，北に向かうほど低くなります。
右ページの垂直分布の図を見るとわかりますね。

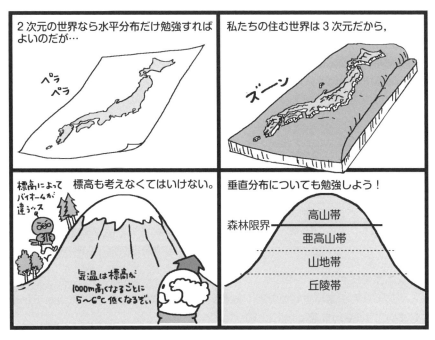

・日本のバイオームの分布（水平分布と垂直分布の対応）

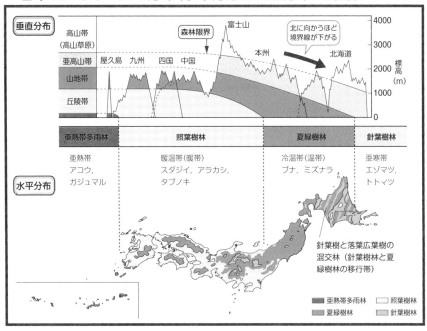

・例：本州中部の場合

境界線が場所によって移動してしまうので，本州中部に注目して見てみましょう。本州中部の標高・分布帯・植生の特徴・植物例は，以下の表のようにまとめることができます。

標高	分布帯	植生の特徴	植物例
2500 m 以上	高山帯	―	※ハイマツ，コケモモ，コマクサ
1500〜2500 m	亜高山帯	針葉樹林	シラビソ，オオシラビソ，コメツガ
500〜1500 m	山地帯	夏緑樹林	ブナ，ミズナラ
500 m 以下	丘陵帯	照葉樹林	クスノキ，タブノキ，スダジイ，アラカシ

※高山帯では森林は形成されないが，植物は存在する。

・森林限界とは？

ある標高よりも標高が高くなると，高木が生育できないくらいまで気温が下がってしまいます（平均気温：10℃以下）。

このような，森林形成の上限となる標高を，**森林限界**といいます。

森林限界が亜高山帯と高山帯の間にあるというのは，テストによく出題されるため，頭に入れてくださいね。

p.267の垂直分布の図を見ると，本州では森林限界の標高が約2000 mであるのに対し，北海道では約1000 mです。北に向かうほど平均気温が下がるので，より低い標高で森林限界の境界線が現れるのです。

例 本州中部の場合

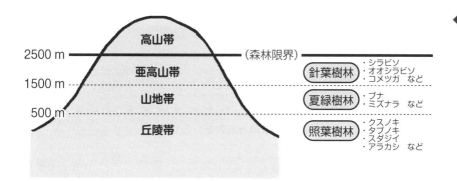

5

2500 m	高山帯	（森林限界）
	亜高山帯	針葉樹林　・シラビソ ・オオシラビソ ・コメツガ　など
1500 m		
	山地帯	夏緑樹林　・ブナ ・ミズナラ　など
500 m		
	丘陵帯	照葉樹林　・クスノキ ・タブノキ ・スダジイ ・アラカシ　など

・森林限界とは？

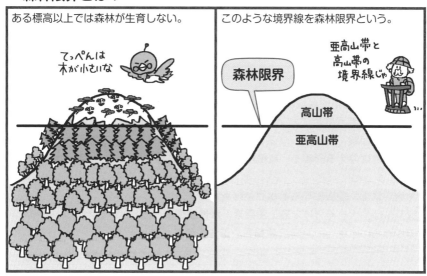

ある標高以上では森林が生育しない。

てっぺんは木が小さいな

このような境界線を森林限界という。

森林限界

亜高山帯と高山帯の境界線じゃ

高山帯

亜高山帯

ここまでやったら

別冊 p.37へ

5-12　生態系とは

ココをおさえよう！

ある地域に生息するすべての生物と非生物的環境をまとめて生態系という。

・生態系とは？

ある地域に生息しているすべての生物（バイオームといいましたね）に，**光・水・気温・土壌などの非生物的環境も含めたもの**を，**生態系**といいます。

生物と非生物的環境は互いに影響し合っているので，両方について考える必要があります。ここからは生態系について勉強していきますよ。

まずは，どの生態系にも共通する特徴について勉強しましょう。

・生物は，非生物的環境から影響を受けるだけでなく，影響を与えもする

植物が，気温や光・降水という非生物的環境から影響を受けているということはすでに勉強した通りです。このように，**非生物的環境が生物に与える影響**を，**作用**といいます。

一方，生物は非生物的環境に影響を及ぼします。例えば，植物の光合成や呼吸によって大気中の酸素濃度や二酸化炭素濃度が変化したり，成長した植物が光を遮ることで，林床が暗くなったりする，というようなことです。このように，**生物が非生物的環境に与える影響**を，**環境形成作用**といいます。

・生態系には，陸上生態系と水界生態系がある

生態系には，大きく分けて**陸上生態系**と**水界生態系**があり，
水界生態系にはさらに，**湖沼生態系**や**海洋生態系**があります。

生態系━━┳━陸上生態系（森林や草原など）
　　　　┗━水界生態系（湖沼・海洋など）━┳━湖沼生態系
　　　　　　　　　　　　　　　　　　　　┗━海洋生態系

5

・生態系とは？

ある地域に生息するすべての生物と非生物的環境をまとめたもの。

・生物は，非生物的環境から影響を受けるだけでなく，影響を与えもする。

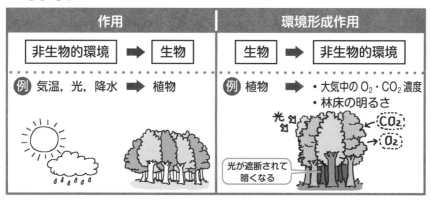

・生態系には，陸上生態系と水界生態系がある。

・・

・生態系において，生物には役割（生産者・消費者・分解者）がある

生態系内において生物は，**生産者**と**消費者**という2つの役割に，大きく分けられます。また，消費者の中には**分解者**という役割の生物もいます。

☆**生産者**：光合成を行う**植物**などのことで，光合成によって水や二酸化炭素から有機物を"生産・合成"します。

☆**消費者**：自分では有機物を生産・合成できず，生産者である植物が生成した有機物を，栄養源として取り入れる生物のことを指します。消費者は，植物を食べる植物食性動物（**一次消費者**）と，植物食性動物を食べる動物食性動物（**二次消費者**）に分かれます。生態系によっては，二次消費者を食べる三次消費者，三次消費者を食べる四次消費者……など，より高次な消費者がいる場合もあります。

☆**分解者**：消費者の中には生産者の枯死体や，消費者の遺骸・排泄物を分解して無機物にする生物がいます。このような生物を特に分解者といいます。分解者には，**菌類**や**細菌類**などがいます。

こうしてできた無機物から，生産者が再度有機物を生産・合成します。

・生態系における，生物と非生物的環境の関係図

これらの役割は生物どうしの関係性にのみ注目した場合ですが，さらに生物と非生物的環境との相互作用（作用・環境形成作用）も含めると，右図のようにまとめることができます。

これまで勉強してきたように，①生産者は消費者に摂取され，低次の消費者はさらにより高次の消費者に捕食されます。
②生産者や消費者の遺骸や排泄物は，分解者によって分解されます。
そして，これら生物の活動は，③非生物的環境から影響を受けることもあれば（作用），④逆に影響を与えることもあるのです（環境形成作用）。

・生態系において，生物には役割（生産者・消費者・分解者）がある。

生態系における，生物と非生物的環境との関係図

一次消費者は植物食性動物，
二次消費者は動物食性動物ッス

作用と環境形成作用を
取り違えないようにな

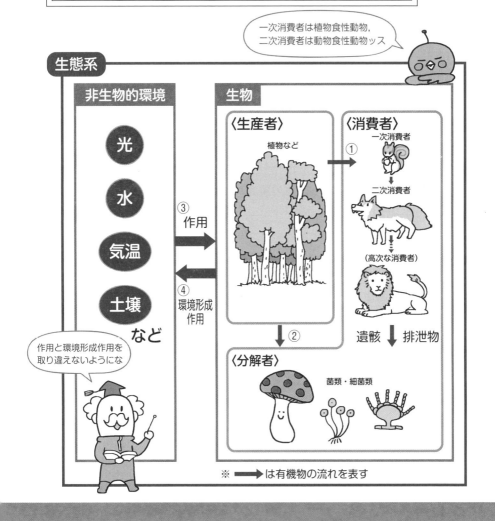

生態系

非生物的環境

光

水

気温

土壌

など

生物

〈生産者〉

植物など

〈消費者〉

一次消費者

二次消費者

（高次な消費者）

③
作用

④
環境形成
作用

②

遺骸　排泄物

〈分解者〉

菌類・細菌類

①

※ ➡ は有機物の流れを表す

5-13　食物連鎖と食物網

> ## ココをおさえよう！
>
> 被食者と捕食者の一連のつながりを食物連鎖という。
> 食物連鎖が複雑に入り組んで，網状の関係になった構造を食物網
> という。

・食物連鎖

生態系では，生産者を一次消費者が食べ，一次消費者を二次消費者が食べ，二次
消費者をさらに高次の消費者が食べ……というように，被食者と捕食者は一連の
鎖のようにつながっています。

この一連のつながりを**食物連鎖**といいます。

・食物網

実際の生態系では，被食者は何種類かの生物に食べられています。

また，捕食者も何種類かの生物を食べています。

すると，食物連鎖が複雑に入り組んだ構造になり，これが網のようになります。

この，網状になった被食者と捕食者の関係を，**食物網**といいます。

・食物連鎖…被食者と捕食者の一連のつながり。

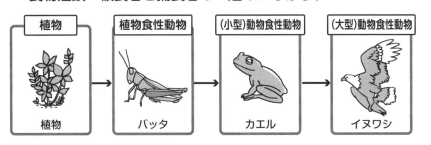

5

・食物網…網状になった被食者と捕食者の関係のこと。

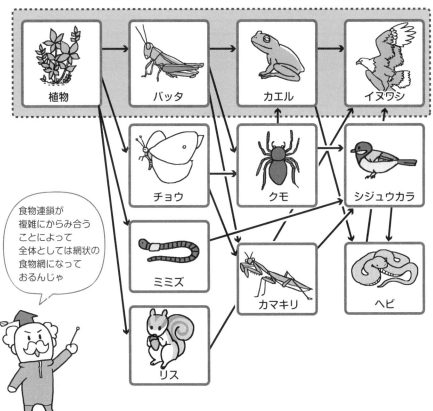

食物連鎖が
複雑にからみ合う
ことによって
全体としては網状の
食物網になって
おるんじゃ

5-14 生態ピラミッド

> **ココ**をおさえよう！
>
> 生態系の各栄養段階の個体数や現存量を図で表すとき，生産者 →
> 一次消費者 → 二次消費者 → ……と順に積み重ねていくと，ピラ
> ミッド状の形になる。これを生態ピラミッドという。

・栄養段階

生態系において生物には，捕食者・被食者という関係があり，それが網状（食物網）
になっているということは5-13で勉強しましたね。

生態系における，生産者，一次消費者，二次消費者，三次消費者といった，
食物連鎖の各段階を**栄養段階**と呼びます。

・生態ピラミッド

ここで，食物連鎖の順に，各段階ごとに分けた図を見ていきましょう。まずは食
物網の図を，生産者 → 一次消費者 → 二次消費者 → ……と，順に積み上げてい
きます。

さらに，「各生物がどれくらい存在しているのか」も含めて図にまとめると，ピラ
ミッド状の形になります。これを，**生態ピラミッド**と呼びます。

 「各生物がどれくらい存在しているのか」，というのは，一定面積内における
   ☆各栄養段階の生物の個体数
   ☆生物量（その生物を乾燥させたときの重量）
 で表されることが多く，これらを使ってできる生態ピラミッドを，それぞれ
   ☆**個体数ピラミッド**
   ☆**生物量ピラミッド**
 と呼びます。

・生態ピラミッド

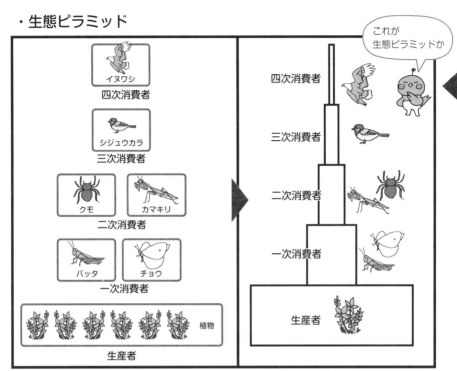

・生態ピラミッドの種類

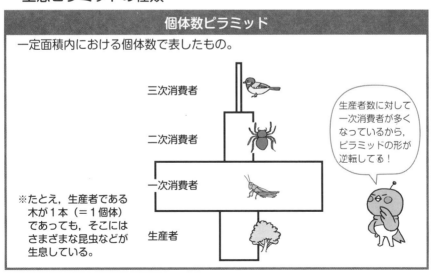

5-15　水界生態系

ココをおさえよう！

光合成を行う植物などが生育できる限界の水深を，補償深度という。

さて，ここまで生態系について，陸上生態系を中心に見てきました。
今度は，水界生態系を見てみましょう。
水界生態系のうち，特に湖沼生態系について注目してみます。

・湖沼生態系

湖や沼における生態系を**湖沼生態系**といいます。
湖沼生態系にも生産者・消費者・分解者がいます。
それぞれ，どのような生物が担っているのでしょうか？

☆**生産者**：陸上の生態系と同じく，光合成を行う**植物**や**植物プランクトン**が生産者です。「光合成」ということは光が必要ですよね。植物や植物プランクトンが光合成を行うのに十分な光が到達するのは，水深が深くないところです。ですから，生産者となる水生植物は，水面付近に生息しています。
　生産者である植物や植物プランクトンは，p.242で学んだように，光補償点以上の光が届く限界の水深（**補償深度**）までしか生息することができません。

☆**消費者**：動物プランクトンや魚類，海底に生息するエビやカニなどの甲殻類などの生物が消費者です。

☆**分解者**：水中や湖底に生息する菌類や細菌類が分解者です。

・湖沼生態系…湖や沼における生態系。

☆生産者：光合成を行う植物・植物性プランクトン

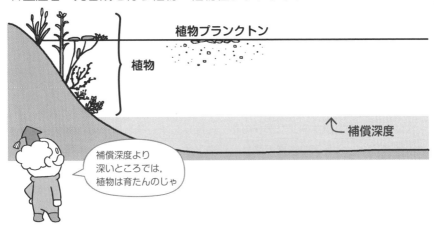

☆消費者：動物プランクトン・魚類・甲殻類（エビ・カニなど）など

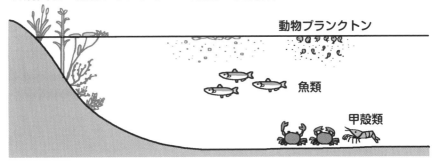

☆分解者：水中や湖底に生息する菌類や細菌類

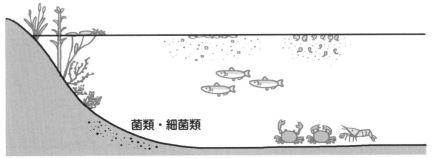

5-16　陸上生態系と水界生態系の関係

ココをおさえよう！

陸上生態系と水界生態系は，密接につながっている。

・陸上と水界のつながり

陸上生態系と水界生態系は，密接に関係しています。

例えば，落ち葉やその分解物は，雨水とともに，湖沼や河川，海へと流れ込み，水界に生息する植物プランクトンの養分になります。そしてその植物プランクトンは動物プランクトンの食物になり，動物プランクトンは小型の魚類の食物になります。

一方，水界に生息する生物が陸上に生息する生物の食物になることもあります。クマがサケを捕食したり，ウミネコが魚を捕食したりするのが，その例です。

5

・陸上と水界のつながり

陸上→水界　落ち葉やその分解物が，雨水とともに流れ込み，水界の
生物の食物になる。

落ち葉

水界→陸上　水界の生物は，陸上の生物に捕食される。

ウミネコ

クマ

サケ

陸上と水界だから
といって
関係ないわけじゃ
ないんじゃぞ

みんな
つながってるんだな～

ここまでやったら

別冊 p. **41** へ

5-17　生物が生物に与える影響

ココをおさえよう！

食物網の上位に位置していて，ほかの生物に大きな影響を与える
生物種をキーストーン種という。
捕食・被食の間柄ではないのに，ある生物がほかの生物の存在に
影響を与えることを間接効果という。

生態系のなかで，食物網の上位にいる生物が，ほかの生物に大きな影響をあたえ
ることがあります。

右ページに描いた「岩場の生態系」をご覧ください。ヒトデは食物網のトップに
君臨していますね。
もし，この生態系からヒトデを取り除いてしまうと，ヒトデに捕食されていたイ
ガイが増加し，岩場を埋め尽くします。すると，カメノテ，フジツボ，巻貝，藻
類は行き場がなくなり，減少します。藻類の減少にともなって，ヒザラガイ，カ
サガイもいなくなります。こうして岩場の生態系は破壊され，種の多様性は失わ
れます。

この生態系におけるヒトデのように，食物網の上位に位置し，ほかの生物に大き
な影響を与える生物種を**キーストーン種**といいます。キーストーンは英語で「組
織の中枢，物事の重要な部分」といった意味で，生態系のバランスを保つ上で重
要な役割を担っていることを表します。

さて，ヒトデと藻類は，直接的な捕食・被食の関係がなかったにも関わらず，ヒ
トデ（捕食者）の個体数が，藻類（被食者）の個体に影響を与えていました。この
ように，捕食・被食の間柄ではないのに，ある生物がほかの生物の存在に影響を
与えることを**間接効果**といいます。

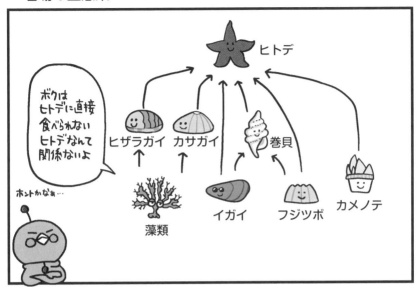

・岩場の生態系

・間接効果

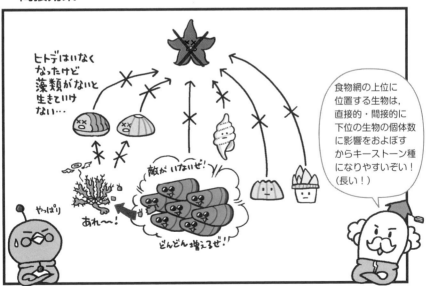

ここまでやったら

別冊 P. 42 へ

5-18　生態系のバランス

生態系のバランスは，自然現象や人間活動によって崩される。

生態系における生物の個体数や量は常に変動していますが，一定の範囲内で保たれています。
生態ピラミッドが何かしらの原因でバランスを崩したとしても，もとの状態に戻ろうとします。

・自然現象によってバランスを崩す場合

例えば，山火事・台風・土砂崩れなどによって生態系が変化することを**自然かく乱**といいます。このとき，森林が消失したり，河川で動植物が流失するような大きな変化があっても，生態系は再びもとの状態に戻ります。これを**生態系の復元力**といいます。ただし，荒れ地となってしまったりすると，もとの生態系に戻すことは困難になってしまいます。

動物に関しても同じことがいえます。何かしらの理由で，ある生物が減少し，それを食物とする生物も減少したとしても，やがてもとの状態に戻ります。ただし，ある生物の数があまりに減りすぎたり，絶滅したりしてしまうと，もとの生態系に戻すことは不可能になってしまいます。

・人間活動によってバランスを崩す場合

自然現象だけでなく，人間活動によって生態系のバランスが大きく崩れることもよくあります。これから挙げる例は，皆さんも一度は聞いたことがあるのではないでしょうか。

☆**森林伐採**：大規模な土地の開墾によって森林が失われ，動物の食物や住む場所を奪ってしまったりすると，生態系はもとに戻りません。

☆**水質汚染**：工場からの汚水や生活排水が湖沼や海洋に流れ込むことにより，栄養塩類が過剰になります。これを**富栄養化**といいます。**赤潮**や**アオコ**などは，富栄養化によって植物プランクトンが大量繁殖した結果，植物プランクトンの遺骸が分解されるときに水中の酸素を大量に消費するため，魚類などの動物が呼吸できなくなるなどの影響を与えます。

生態系のバランス

・自然現象によってバランスを崩す場合

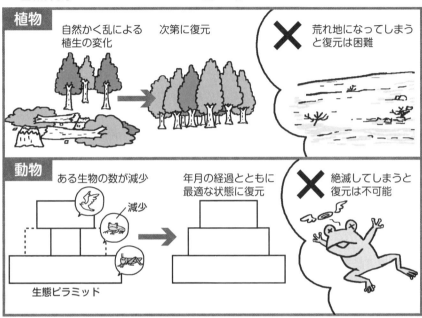

植物
自然かく乱による
植生の変化　　次第に復元　　✕ 荒れ地になってしまうと復元は困難

動物
ある生物の数が減少　　年月の経過とともに最適な状態に復元　　✕ 絶滅してしまうと復元は不可能

減少

生態ピラミッド

・人間活動によってバランスを崩す場合

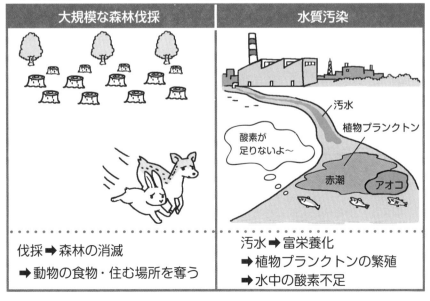

大規模な森林伐採	水質汚染

汚水
植物プランクトン
酸素が
足りないよ〜
赤潮
アオコ

伐採 ➡ 森林の消滅
➡ 動物の食物・住む場所を奪う

汚水 ➡ 富栄養化
➡ 植物プランクトンの繁殖
➡ 水中の酸素不足

☆**外来生物の移入**：もともとその地域で生息していた生物を**在来種**というのに対し，人間によってもち込まれ，定住した生物を**外来生物（外来種）**といいます。特に，移入先の生態系に大きな影響を与えてしまう外来生物を，移入先の生態系に大きな影響を与えてしまう外来生物を，特定外来生物に指定しています。例えば，オオクチバス（通称，ブラックバス）と呼ばれる魚は，在来種を駆逐してしまい，それまでの生態系のバランスを崩す要因となっています。
外来生物が生態系に大きな影響を与えるのは，天敵となるような生物がそこに存在しないため，外来生物を減らす方向にはたらく力がないことが大きいのです。

☆**乱獲**：特定の生物を，人為的に大量に捕獲することを**乱獲**といいます。乱獲により絶滅したり，絶滅の危機に瀕した生物はたくさんいます。例えば，アフリカゾウは象牙が装飾品として，サイは角が漢方薬の材料として高額で売買されるため，密猟によって個体数が激減しています。

☆**地球温暖化**：工場や自動車から排出される二酸化炭素やメタンガスなどは，地表から放出される熱を吸収し，その熱の一部が再び地表に戻ることによって，大気の温度を上昇させます。このようなはたらきを**温室効果**といい，温室効果を引き起こす原因となる気体を**温室効果ガス**といいます。
近年，地球の年平均気温は上昇しており，大気中の温室効果ガスである二酸化炭素の増加が，**地球温暖化**の一因であると考えられています。
気温の上昇により，陸上では今まで生息できた動植物が生息できなくなる可能性があります。また，南極の氷が溶けて海面が上がったり，もともと暖かい海水に生息するサンゴが，海水温がさらに上昇したために死んでしまうなど，生態系のバランスを崩す要因になっています。

☆**里山の放棄**：人里の近くにあり，人為的に管理された森林や農地などの一帯を**里山**といいます。
近年，農村地から人が減少することで里山が放棄され，田畑や雑木林などが手入れされなくなることによって，里山で築かれた生態系に影響が出るようになりました。
例えば，田んぼは人間がきちんと管理・手入れしないと維持できないものですが，放置されることで，水田に生息していたタガメやゲンゴロウが生息できなくなります。
また，利用されなくなった夏緑樹の雑木林が，遷移が進んで照葉樹林になり，生息する生物も変化しています。

5

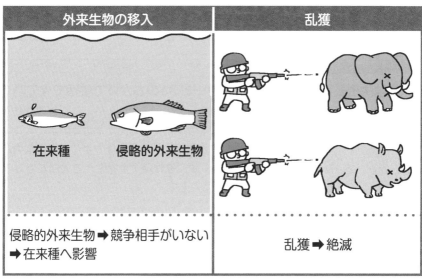

外来生物の移入

在来種　　　侵略的外来生物

侵略的外来生物 ➡ 競争相手がいない
➡ 在来種へ影響

乱獲

乱獲 ➡ 絶滅

地球温暖化

温室効果ガス

海水温の
上昇による
サンゴ礁の
減少

温室効果ガス ➡ 温暖化

➡ 海水温の上昇

里山の放棄

田んぼや雑木林など
➡ 手入れされず放置
➡ 生態系の変化

ここまでやったら

別冊 P.43へ

5-19　生態系サービス

ココをおさえよう！

人間は生態系からの恩恵（生態系サービス）のおかげで生活できている。

「生態系のバランスを崩す例」をいくつかご紹介してきたわけですが，生態系のバランスが崩れるとよくないことが起こります。それは，生態系から人間が受ける恩恵（**生態系サービス**）が受けられなくなることです。

生態系サービスなくして，人間は生きることはできません。たとえば，水や酸素，食料，木材，土壌の形成，気候の調節，登山や海水浴など，生態系から様々な恩恵を受けています。

生態系サービスを受けるためには，**生物の多様性**を維持する必要があります。生物多様性の高い生態系ほど，生態系サービスも豊かになると考えられているからです。

生態系を守るため，大規模な工事などをする場合は，生態系に与える影響を事前に調査（**環境アセスメント**）することが義務化されています。また，さまざまな法律などにより，なんとか生態系を守る試みが行われています。

しかしながら，人間が環境に与える影響は甚大です。**絶滅危惧種**（絶滅の恐れのある生物）の数も増えています。

大切なのは，人間ひとりひとりが，生物の多様性など生態系をめぐる問題に関心をもち，自分の考えをもって行動することでしょう。

ハカセとツバメはこうして，生物の素晴らしさと人間の欲深さを深く理解したのでした……。

以上で「生物基礎」は終わりです。本当にお疲れさまでした！

5

ここまでやったら

別冊 p. 44 へ

理解できたものに，☑チェックをつけよう。

- [ ] 植生の外見上の様子を相観といい，優占種によって左右される。
- [ ] 植生は森林・草原・荒原の3つに大別される。
- [ ] 発達した森林の内部は階層構造となっており，上部の葉が密になっている部分を林冠，地表近くを林床という。
- [ ] 日当たりのよい環境で速く成長する植物を陽生植物といい，日当たりのよくない環境でも成長できる植物を陰生植物という。
- [ ] 「見かけの光合成速度＋呼吸速度＝光合成速度」である。
- [ ] 呼吸速度＝光合成速度のときの光の強さを，光補償点という。
- [ ] 光合成速度が最大となるときの光の強さを，光飽和点という。
- [ ] 植生が移り変わることを遷移といい，一次遷移と二次遷移に分けられる。
- [ ] 一次遷移には，乾性遷移と湿性遷移がある。
- [ ] 乾性遷移は，先駆植物が侵入することから始まる。
- [ ] 二次遷移では，すでに植物が育つ下地（土壌がある，水分や栄養塩類・種子・根が残っているなど）がある状態からスタートする。
- [ ] 遷移が進化し，構成する樹木に大きな変化が見られなくなった状態を極相（クライマックス）という。
- [ ] 自然災害などにより，極相林の一部の高木が倒れ，林床まで光が届くようになった場所のことをギャップという。
- [ ] 植生は気温や降水量などの気候的な要因に大きく影響を受ける。
- [ ] ある地域に生息する植物・動物・微生物などをまとめてバイオームという。
- [ ] 緯度に沿ったバイオームの分布を水平分布といい，標高に応じたバイオームの分布を垂直分布という。

- [ ] ある地域に生息する生物と非生物的環境（光・水・気温・土壌など）を含めて，その地域の生態系という。

- [ ] 非生物的環境が生物に与える影響を作用，生物が非生物的環境に与える影響を環境形成作用という。

- [ ] 生態系内において生物は，生産者と消費者に分けられる。

- [ ] 消費者の中には，生産者の枯死体などを分解する分解者がいる。

- [ ] 生産者を一次消費者が食べ，一次消費者を二次消費者が食べ……というように被食者と捕食者との間にある一連のつながりを食物連鎖という。

- [ ] 食物連鎖が複雑に入り組んで網状の関係になった構造を食物網という。

- [ ] 水界生態系の生産者は補償深度までしか生息することができない。

- [ ] 生態系における，生産者，一次消費者，二次消費者といった食物連鎖の各段階を栄養段階と呼ぶ。

- [ ] 栄養段階の低い順から生産者→一次消費者→二次消費者→……と，各生物がどれくらい存在しているのかを，下から積み上げて図示したものを生態ピラミッドという。

- [ ] 山火事や台風などで生態系がかく乱を受けても，その程度が大きすぎなければ，生態系はもとに戻ることができる。

- [ ] もともとその地域で生息していた生物を在来種というのに対し，人間によってもち込まれ，定住した生物を外来生物（外来種）という。

- [ ] 生態系から受ける恩恵を生態系サービスという。生態系サービスのおかげで人間は生活できている。

ホント…地球の生物は
神秘に満ちあふれているッス～

ボクもこれで立派な
セイブツバメになれました…！

ハカセ…
どこへ？

フィールドワークじゃ！
海の中の生き物も
興味深いのう

ボクは泳げない
ッスよ…

まあおまえは
その辺で
のんびりしておれ

ハカセは
好奇心旺盛ッスね～

しかし地球の生物を
まとめ終わって
これからどうするんスかね…

さくいん

わ行

宇宙一わかりやすい高校生物〈生物基礎〉

装丁	名和田耕平デザイン事務所
中面デザイン	オカニワトモコ デザイン
イラスト	水谷さるころ
データ作成	株式会社四国写研
図版作成	有限会社熊アート
	株式会社ユニックス
写真	株式会社アフロ
印刷会社	株式会社リーブルテック
編集協力	秋下幸恵・佐野美穂
	青木優美・内山とも子
	佐藤玲子・鈴木範奈
	舟木眞人・村手佳奈
	渡辺泰葉
	株式会社 U-Tee（鈴木瑞人，熊谷瞳）
	高木直子・平山寛之
企画・編集	宮﨑 純

この本の製作に
携わってくれたみなさん
ありがとう

ご協力
感謝

読んでくれたみんなも
ありがとうッス！

また会う日
までッス

①

改訂版

宇宙一
わかりやすい

高校

生物

生物基礎

別冊

問題集

生物の特徴

Chapter 1

確認問題 1 1-1，1-2，1-3，1-4 に対応

以下の文章中の空欄（ あ ）～（ お ）には適切な用語を入れ，（ ① ），
（ ② ）は適切なものを選択せよ。また，下線部について下の**問1**～**3**に答えよ。

地球上には，現在わかっているだけでも，①（約12万・約190万・約12億）
種の生物が生息しています。これほど_a多くの種が存在しているわけですが，
共通する特徴が4つあります。

1つ目は（ あ ）を基本単位としてできているということ，2つ目はエネ
ルギーを利用するということ，3つ目は（ い ）情報をもつということ，
そして4つ目は環境の変化に対応するということです。ちなみに，ウイル
スは生物に含まれ②（ます・ません）。

生物に共通する特徴があるのは共通の（ う ）をもつからだと考えられて
います。
生物が進化してきた経路に基づく種や集団の類縁関係を樹木に似た形で表
した図を（ え ）といい，特に_b生物間の遺伝情報の差の大きさを比較し
て作られた（え）を（ お ）といいます。

問1 下線部aについて。種とは何か，35字以内で説明せよ。

問2 下線部aについて。地球上に多くの種が存在する理由を，50字以内で説明
せよ。

問3 下線部bについて。A，B，C，D，Eの5生物種のある領域の塩基配列の
相対的な違い方を次の表で示した。これをもとに（お）を作成すると，どの
ような形になるか。次ページの(1)～(6)から選べ。

（杏林大(医)・改）

生物種	A	B	C	D	E
A	0	1	2	4	4
B		0	2	4	4
C			0	4	4
D				0	3

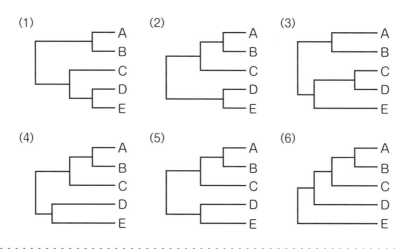

. . . .

　解説

（　あ　）**細胞**　（　い　）**遺伝**　（　う　）**祖先**　（　え　）**系統樹**

（　お　）**分子系統樹**　答

① **約190万**　② **ません**　答

問1　**生物の分類の基本的な単位で，互いに交配し子孫を残すことが可能な集団。**
（34字）　答

問2　**地球の環境はさまざまであり，進化によりそれぞれの環境に適した形態や機**
能をもつ生物が生じたから。（47字）　答

問3　塩基配列の相対的な違いが少ないほど，より最近分岐した生物種であるこ
とを示しています。よって，AとBが最も最近分岐した生物種です。
　AとBにとって，次に近縁なのがCです（相対的な違いは2つ）。よって，(1)
と(3)は除外されます。
　さらに，AとBにとってDとEは同じだけ遠いので（相対的な違いは4つ），
(6)は除外されます。
　DとEの相対的な違いは3つであり，これはAとBに対するCとの違いに
比べて違いが大きいため，より早い段階で分岐していることを表していま
す。これより，DとEの分岐がAとBの分岐と同じ時期である(2)，A・
BとCの分岐と同じ時期である(5)が除外されます。
　よって，答えは　**(4)**　答

確認問題 2 1-3，1-13 に対応

以下の文章中の空欄（　あ　）～（　か　）に適切な用語や人名を入れよ。また，下線部について，下の**問1**～**3**に答えよ。

・細胞は，（　あ　）が顕微鏡でコルクを観察しているときに発見されました。実際には細胞の（　い　）という構造を観察していたにすぎませんでしたが，細胞の発見として知られています。その後，植物については（　う　）が，a動物については（　え　）が細胞説を提唱しました。

・顕微鏡の性能はb分解能で表されます。c光学顕微鏡の分解能は（　お　），電子顕微鏡の分解能は（　か　）です。

問1 下線部aについて。動物についての細胞説の内容を，20字程度で答えよ。

問2 下線部bについて。分解能を10字程度で説明せよ。

問3 下線部cについて。下の図は光学顕微鏡を示している。各部の名称として最も適切なものを次の（ア）～（シ）から1つずつ選べ。　　　　（富山大）

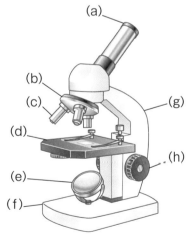

（ア）鏡台　（イ）しぼり　（ウ）クリップ　（エ）ステージ　（オ）アーム
（カ）レボルバー　（キ）調節ネジ　（ク）接眼レンズ　（ケ）対物レンズ
（コ）反射鏡　（サ）アスピレーター　（シ）キモグラフ

解説

（　あ　）**ロバート・フック**　（　い　）**細胞壁**　（　う　）**シュライデン**
（　え　）**シュワン**　（　お　）**0.2 μm**　（　か　）**0.2 nm**　答

問1 **すべての動物の体は細胞からできている。（19字）** 答

問2 **区別できる2点の最小の幅（12字）** 答

問3 (a)**(ク)**　(b)**(カ)**　(c)**(ケ)**　(d)**(エ)**　(e)**(コ)**　(f)**(ア)**　(g)**(オ)**
(h)**(キ)**　答

確認問題 **3** **1-5，1-6 に対応**

下表は，動物・植物・細菌の細胞について構造体の有無を示したもので，＋は存在する，－は存在しないことを表している。

(1) 表中の構造体(a)〜(d)は，それぞれ次の①〜④のいずれであるか，1つずつ選べ。　　　　　　　　　　　　　　　　　　　　　　（昭和薬大・改）

① 葉緑体　② 細胞壁　③ 核　④ 細胞膜

構造体	（ア）	（イ）	（ウ）
(a)	＋	＋	－
(b)	＋	＋	＋
(c)	＋	－	＋
ミトコンドリア	＋	＋	－
(d)	＋	－	－

(2) （ア）〜（ウ）はそれぞれ，以下のどれに相当するか，記号で答えよ。
　　　　　　　　　　　　　　　　　　　　　　　　　　　（筑波大・改）

① ホウレンソウの葉　② 大腸菌　③ マウスの肝臓

(3) 以下の文章中の空欄（　あ　）～（　う　）に適切な用語を入れよ。

動物細胞の一番外側には（　あ　）があります。(あ)につつまれた部分の，核以外の領域を（　い　）といいます。また，成長した植物細胞の細胞内には，発達した（　う　）がみられます。

・・

 解説

(1) と **(2)** は同じ表についての設問なので，同時に考えます。

まず表を縦に見て，「＋」の少ないものが細菌，多いものが植物なのではないかと予想しましょう。実際，この中でミトコンドリアを含まないのは細菌だけなので，(ウ)は細菌の大腸菌であることがわかります。(ア)は植物のホウレンソウの葉で，残った(イ)は動物であるマウスの肝臓です。

(ウ)の細菌がもっている構造体は(b)と(c)ですが，(c)は(イ)の動物だけがもっていません。これは細胞壁であると考えられます。

(b)は植物・動物・細菌が共通してもつものなので，細胞膜です。(a)は原核生物である細菌だけがもっていないものなので，核です。すると，残りの(d)が葉緑体であることがわかります。葉緑体は植物細胞がもつ細胞小器官でしたね。

(1) (a)③　(b)④　(c)②　(d)①　答

(2) (ア)①　(イ)③　(ウ)②　答

(3) （　あ　）**細胞膜**　（　い　）**細胞質**　（　う　）**液胞**　答

確認問題 **4**　1-7 に対応

次の文中の（　あ　）～（　か　）に適切な用語を入れよ。また，**問い**にも答えよ。

1つの細胞からなる生物を（　あ　）といいます。(あ)は1つの細胞でいろんな役割をしなくてはならず，例えばゾウリムシには体外に水分を排出するための（　い　）や，食べ物を消化する（　う　）があります。

一方，動物や植物のように多数の細胞からなる生物を（　え　）といいます。

（え）では，似たようなはたらきの細胞どうしが集まり（　お　）となり，(お)
が集まって（　か　）になります。そして，(か) が統合することで個体が作
られています。

問い 次の①～④の文章のうち，正しいものを1つ選べ。
　　①単細胞生物はすべて原核生物である。
　　②真核生物はすべて多細胞生物である。
　　③原核生物はすべて単細胞生物である。
　　④多細胞生物であっても真核生物であるとは限らない。

解 説

（　あ　）**単細胞生物**　（　い　）**収縮胞**　（　う　）**食胞**
（　え　）**多細胞生物**　（　お　）**組織**　（　か　）**器官** 答

問い 原核生物はすべて単細胞生物で，真核生物には単細胞生物と多細胞生物が
います。
　　①単細胞生物でも真核生物であることがあります。
　　②真核生物でも単細胞生物であることがあります。
　　④多細胞生物であれば，必ず真核生物です。
　　よって，答えは　③　答

確認問題　5　1-8，1-9，1-10，1-11，
1-12 に対応

以下の図は植物細胞の模式図です。これについて，以下の **(1)** ～ **(4)** の問いに答
えよ。

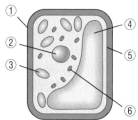

(1) ①～⑥で示された部分の名称を答えよ。

(2) 次の (ア) ～ (オ) にあてはまるものを①～⑥から選べ。

    (ア) 呼吸を行うことで，有機物からエネルギーを取り出す。

    (イ) 細胞内の水分・物質の濃度調節，老廃物の貯蔵を行う。

    (ウ) 光合成を行うことで，二酸化炭素と水から，有機物と酸素を合成する。

    (エ) 細胞の形態を支え，保持する。

    (オ) 細胞の形態やはたらきに関する情報 (遺伝情報) を保持している。

(3) 核とは別に，独自のDNAをもつものを①～⑥からすべて選べ。

(4) ②，⑥を観察するために用いる染色液を，次のa～dから1つずつ選べ。

    a.エオシン　b.メチレンブルー　c.酢酸カーミン　d.ヤヌスグリーン

- -

 解説

(1) ① **細胞壁** ② **核** ③ **葉緑体** ④ **液胞** ⑤ **細胞膜**
　　⑥ **ミトコンドリア** 答

(2) (ア)⑥　(イ)④　(ウ)③　(エ)①　(オ)② 答

(3) ③, ⑥ 答

(4) ② <u>c</u>　⑥ <u>d</u> 答

確認問題 6 1-14 に対応

顕微鏡の取り扱いに関する以下の **(1)** ～ **(4)** の問いに答えよ。

(1) 以下の取り扱い方のうち，正しいものをすべて選べ。

    (a) 顕微鏡をもち運ぶ際にはステージをもつ。

    (b) 直射日光の当たる，明るいところに置く。

    (c) 水平な机の上に置く。

    (d) 低倍率のときは平面鏡を，高倍率のときは凹面鏡を使う。

    (e) 高倍率にする際には，しぼりを絞って明るくする。

(2) 以下の①～③は，顕微鏡を取り扱う際の手順として間違えている。以下の

取り扱い方をした際にどのような不便なことが起こりうるか，それぞれ説明せよ。

① 先に対物レンズをはめ，続いて接眼レンズを取り付ける。

② 対物レンズを最高倍率にセットしてから観察を開始する。

③ 対物レンズをプレパラートに近づけるようにしてピントを合わせる。

(3) 観察物が視野の左上にあり，右下へと移動させ，視野の中央で観察したい場合，プレパラートをどの方向に移動したらよいか。

(4) 視野にゴミがあった。接眼レンズを回してもゴミは回らず，レボルバーを回すとゴミが消えた。このとき，ゴミは接眼レンズ・対物レンズ・プレパラートのどこにあると考えられるか。

・・・

 解説

(1) (a) ステージではなくアームを握ります。(b) 直射日光は危険ですので避けなければなりません。(e) 明るくするためには，しぼりを開く必要があります。ちなみに，しぼりを絞るとコントラストが強くなります。よって，答えは　<u>(c)，(d)</u>　答

(2) ① <u>**対物レンズにゴミやほこりが入り，観察の邪魔になる。**</u>

② <u>**倍率を高くすると視野が狭くなり，観察物が見つかりにくくなる。**</u>

③ <u>**対物レンズがプレパラートに接触し，プレパラートが破損したり，対物レンズが傷ついたりする。**</u>　答

(3) <u>左上</u>　答

(4) <u>**対物レンズ**</u>　答

確認問題 **7** 1-15 に対応

以下の **(1)**，**(2)** の問いに答えよ。

(1) 接眼レンズ10倍，対物レンズ10倍の光学顕微鏡において，接眼ミクロメーター8目盛り分が対物ミクロメーター5目盛り分に相当していた。このとき，接眼ミクロメーター1目盛りあたりの長さを求めよ（単位：μm）。

(2) 上記と同じ倍率で，ある細胞を観察したところ，細胞の長径（長い方の長さ）は，接眼ミクロメーターの10目盛り分であった。この細胞の長径を求めよ（単位：μm）。

・・

 解 説

(1) 対物ミクロメーター1目盛りあたりの長さは10 μmと決まっています。これを基準に，接眼ミクロメーターの1目盛りあたりの長さを求めます。それは，以下の式で求められるのでした。

接眼ミクロメーター1目盛りの長さ（μm）

$$= \frac{対物ミクロメーターの目盛り数}{接眼ミクロメーターの目盛り数} \times 10\ μm$$

よって

接眼ミクロメーター1目盛りの長さ $= \frac{5}{8} \times 10\ μm =$ **6.25 μm** 答

(2) 接眼ミクロメーター1目盛りの長さは6.25 μmなので

$10 \times 6.25\ μm =$ **62.5 μm** 答

エネルギーの利用

確認問題 8 **2-1 に対応**

次の文章中の（　あ　）～（　け　）に適切な語句を入れよ。

　生物には「エネルギーを利用して生きる」という共通点があります。有機物のもつ（　あ　）エネルギーを利用して生きているのです。

　植物は，みずから太陽の（　い　）エネルギーを利用して水と（　う　）から有機物と（　え　）を作っています。このはたらきを（　お　）といいます。一方，動物は，みずから有機物を作ることはできないため，体外から食物として有機物を摂取しています。

　植物や動物は，こうして得た有機物を分解することで生命活動に必要なエネルギーを取り出しています。複雑な物質を単純な物質に分解する反応を（　か　）といいます。酸素を用いて有機物を分解する（　き　）はその代表例です。

　また，こうして有機物から取り出したエネルギーは逆に，単純な物質から（私たちの体に必要な）複雑な物質を合成するのに使われています。単純な物質から複雑な物質を合成する反応を（　く　）といいます。（お）はその代表例です。

　（か）と（く）は，まとめて（　け　）と呼ばれます。（け）は，生体内で行われている化学反応といい換えることができます。

解説

（　あ　）**化学**　（　い　）**光**　（　う　）**二酸化炭素**　（　え　）**酸素**
（　お　）**光合成**　（　か　）**異化**　（　き　）**呼吸**　（　く　）**同化**
（　け　）**代謝**　**答**

確認問題 **9** 2-2，2-3 に対応

ATPに関する次の文章(1)～(4)のうち，正しいものを１つ選べ。

(1) ATPはアデノシンニリン酸の略である。
(2) ATPはアデノシンとリン酸との結合の間に多量のエネルギーをもつ。
(3) ADPからATPを合成するときにエネルギーが必要である。
(4) ATPがADPに変化する際，２分子のリン酸が生成する。

· ·

解説

(1) ATPはアデノシン三リン酸の略です。アデノシンニリン酸は，ADP
です。
(2) リン酸とリン酸の結合の間に多量のエネルギーをもちます。この結合
を高エネルギーリン酸結合と呼びます。
(4) １分子のリン酸が生成します。
よって，答えは <u>(3)</u>

ATP 強そうッス！
ATP のほうが
ADP よりエネルギーが
高いッスね

エネルギー低

エネルギー高

ADP **ATP**

確認問題 10 2-6，2-7 に対応

酵素について書かれた次の文章(1)～(4)のうち，正しいものを選べ。

- **(1)** 酵素には，反応を起こすのに必要なエネルギーを上昇させるはたらきがある。
- **(2)** 酵素とは，触媒のうち，主に無機物からなるものである。
- **(3)** 酵素を含む触媒は，反応の前後で自分自身は変化しない。
- **(4)** 過酸化水素水にカタラーゼを加えると水素が発生する。

 解 説

- **(1)** 反応を起こすのに必要なエネルギーを低下させるはたらきがあります。
- **(2)** 主にタンパク質からなるものです。無機物からなるものは無機触媒といいます。
- **(4)** 酸素が発生します。

よって，答えは (3) 答

確認問題 11 2-7，2-8 に対応

酵素に関する次の文章中の（ あ ）～（ お ）に適する用語を入れ，**問1**，**2**に答えよ。

　酵素が作用する物質を基質といいます。<u>一般に，酵素は特定の基質にしか結合（作用）しません。</u>例えば，アミラーゼは（ あ ）の分解を促進し，ペプシンは（ い ）の分解を促進します。酵素には，最も活性が高くなる温度があり，それを（ う ）といいます。温度をそれ以上に上げるとタンパク質が（ え ）し，酵素は（ お ）してしまいます。

問1 ①下線部のような性質を何というか答えよ。また，②結合する部分の名称，③結合してできる複合体の名称をそれぞれ何というか答えよ。

問2 トリプシンによる基質の分解反応を行った。温度は37℃，pH 7で調べた結果，反応は次の図のように進行した。

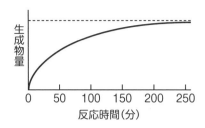

1つだけ条件を，それぞれ下の（ア）～（ウ）のように変え，他の条件を変えずに実験したとき，

（ⅰ）　生成物量の到達する水平部の高さはどうなるか。

（ⅱ）　反応初期の勾配はどうなるか。

（ア）～（ウ）のそれぞれの場合について，下のa～cより1つずつ選び答えよ。

　（ア）トリプシンの濃度だけを高くする。

　（イ）温度だけを25℃にする。

　（ウ）pHを1だけアルカリ側にずらす。

　a．増加する　b．変化しない　c．減少する　　　　　（東海大・改）

・・・

 解 説

（　あ　）**デンプン**　（　い　）**タンパク質**　（　う　）**最適温度**
（　え　）**変性**　（　お　）**失活** **答**

問1 ① **基質特異性**　② **活性部位(活性中心)**　③ **酵素-基質複合体** **答**

問2 （ア）酵素の量を増やしても基質の量が変わらなければ，最終的な生成物量は変わりません。一方，反応速度は速くなります。よって
　　　（ⅰ）**b**　（ⅱ）**a** **答**
　　（イ）温度を下げても最終的な生成物量は変わりませんが，反応速度はもとの温度（37℃）のほうがより速く反応します。よって
　　　（ⅰ）**b**　（ⅱ）**c** **答**
　　（ウ）最終的な生成物量は変化しませんが，トリプシンの最適pHは8なので，条件を変えた後のほうが反応速度が大きくなります。よって
　　　（ⅰ）**b**　（ⅱ）**a** **答**

3 遺伝情報(DNA)

確認問題 12 3-1, 3-2, 3-3 に対応

次の文章中の (あ) ～ (く) に適切な用語または語句を入れよ。ただし,
(お) ～ (く) については,**〈語群〉**より選んで答えよ。

　遺伝子の正体はDNAです。DNAとは(あ)の略で,(い)と, 糖で
ある(う), そして(え)から構成されています。(え)は4種類あり
ます。

　真核生物のDNAは,(お)と呼ばれるタンパク質に巻きついて染色体
となり, 核の中に存在します。
　ヒトの体細胞の核の中には(か)の染色体が存在していますが, 父親と
母親から(き)ずつ受け継いだものです。
　体細胞には, 形や大きさが同じ染色体が対になって含まれています。これ
を(く)と呼びます。

〈語群〉

| アセチルコリン | 相同染色体 | ATP | グルコース | 23本 |
| DNA | 46本 | 鉄イオン | ヒストン | 抗原 |

- -

解説

(あ)**デオキシリボ核酸**　(い)**リン酸**　(う)**デオキシリボース**
(え)**塩基**　(お)**ヒストン**　(か)**46本**　(き)**23本**
(く)**相同染色体**　答

確認問題 **13** 3-4，3-5 に対応

次の文章中の（　あ　）～（　お　）に適切な用語または語句を入れよ。また，下の**問1～4**に答えよ。

遺伝子の正体がDNAであるとわかると，次はその構造に関心が集まるようになりました。ワトソンとクリックによって特定されたその構造は，以下のようになっていました。

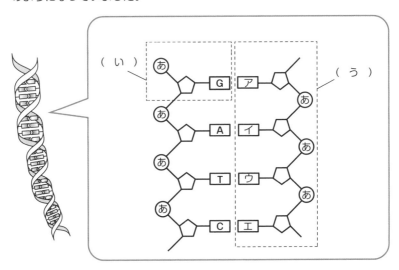

DNAは，（　あ　）とデオキシリボース，ₐ塩基が結合した（　い　）という構成単位が多数連なってできています。(い) が連なったものを（　う　）と呼びます。DNAは♭（　え　）本の (う) が塩基どうしで結合し，ねじれて（　お　）状になった構造をしています。

問1 下線部aについて。DNAは特定の塩基どうしが対をなしているが，この性質を何というか答えよ。

問2 下線部bについて。このようなDNAの構造を何というか答えよ。

問3 図のア～エに入る塩基をA，C，G，Tから選べ。

問4 あるDNAにおけるアデニンの割合は全塩基中の27%だった。このDNAにおける，①シトシンの割合，②グアニンの割合，③チミンの割合をそれぞれ答えよ。

（中央大・改）

解説

（　あ　）**リン酸**　（　い　）**ヌクレオチド**　（　う　）**ヌクレオチド鎖**
（　え　）**2**　（　お　）**らせん** 答

問1 **相補性** 答

問2 **二重らせん構造** 答

問3 ア：**C**　イ：**T**　ウ：**A**　エ：**G** 答

問4 DNAには相補性があります。アデニンと対をなすのはチミンですので，チミンも27％存在します。すると，アデニン＋チミン＝27＋27＝54〔％〕ですので，残りは46％です。
また，シトシンとグアニンも対をなしているので同じ割合で存在しています。よって，46÷2＝23〔％〕となります。
① **23％**　② **23％**　③ **27％** 答

確認問題 **14** **3-6，3-7 に対応**

次の文章中の（　あ　）～（　え　）に適切な用語または語句を入れよ。また，遺伝暗号表を必要に応じて参照し，以下の**問1**～**3**に答えよ。

DNAのもつ遺伝情報とは，タンパク質の合成に関する情報です。DNAからタンパク質が作られる過程は，次のようになっています。

まず，DNAの2本鎖の一部がほどけ，片方のDNA鎖の塩基配列と対になる塩基をもったRNAの（　あ　）が運ばれてきます。この（あ）どうしが結合してmRNA（伝令RNA）が作られます。この過程を（　い　）といいます。

mRNAの3つの連続した塩基配列が1つのアミノ酸を指定し，アミノ酸は（　う　）によって運ばれてきます。そして，アミノ酸どうしが結合し，タンパク質となります。このような，mRNAからタンパク質が作られる過程を（　え　）といいます。

次の〈図〉は，大腸菌が産生するある酵素のmRNAの塩基配列の一部であり，下線は1組のコドンを示している（ただし，塩基配列は左から右に読む）。

〈図〉（先端側） －－ <u>UAU</u> <u>ACC</u> <u>UAU</u> <u>UUG</u> <u>CUG</u> －－（末端側）

問1 図のmRNAに相補的なDNAの鋳型となる鎖の塩基配列を記せ。

問2 図のmRNAの塩基配列によって合成されるポリペプチド鎖のアミノ酸配列を記せ。

問3 ロイシン－セリン－バリンというアミノ酸配列に対応するmRNAの塩基配列は何通りあるか答えよ。　　　　　　　　　　（大阪府大・改）

〈遺伝暗号表〉

1番目の塩基（先端側）	2番目の塩基				3番目の塩基（末端側）
	U	C	A	G	
U	UUU UUC } フェニルアラニン UUA UUG } ロイシン	UCU UCC UCA UCG } セリン	UAU UAC } チロシン UAA UAG （終止）	UGU UGC } システイン UGA （終止） UGG トリプトファン	U C A G
C	CUU CUC CUA CUG } ロイシン	CCU CCC CCA CCG } プロリン	CAU CAC } ヒスチジン CAA CAG } グルタミン	CGU CGC CGA CGG } アルギニン	U C A G
A	AUU AUC AUA } イソロイシン AUG メチオニン（開始）	ACU ACC ACA ACG } トレオニン	AAU AAC } アスパラギン AAA AAG } リシン	AGU AGC } セリン AGA AGG } アルギニン	U C A G
G	GUU GUC GUA GUG } バリン	GCU GCC GCA GCG } アラニン	GAU GAC } アスパラギン酸 GAA GAG } グルタミン酸	GGU GGC GGA GGG } グリシン	U C A G

解説

（ あ ）**ヌクレオチド** （ い ）**転写** （ う ）**tRNA（運搬RNA）**
（ え ）**翻訳** 答

問1 DNAの塩基（A, T, G, C）と相補的な関係にあるRNAの塩基は（U, A, C, G）です。

よって，**ATATGGATAAACGAC**

問2 塩基配列を左から３つずつ読んでいき，対応するアミノ酸を遺伝暗号表から見つけます。

よって，**チロシン　トレオニン　チロシン　ロイシン　ロイシン**

問3 １つのアミノ酸を指定する塩基配列は何種類かあります。遺伝暗号表を見てみると，ロイシンを指定するコドンは６種類，セリンを指定するコドンも６種類，バリンは４種類あることがわかります。

よって，$6 \times 6 \times 4 =$**144通り**

確認問題　15 3-8 に対応

次の文章中の（　あ　）〜（　う　）に適切な用語または語句を入れよ。

遺伝子の本体がDNAであることを見出した有名な実験が３つあります。

１つ目は，グリフィスによる肺炎球菌を使った実験です。肺炎球菌には病原性のＳ型菌と非病原性のＲ型菌があり，Ｓ型菌を加熱処理したあとＲ型菌と混ぜてマウスに注射すると，肺炎を発病することを見出しました。これは，Ｓ型菌からＲ型菌に遺伝子が移ったことによって起きた現象と考えられました。この現象を（　あ　）といいます。また，遺伝子の本体は熱に強いことも示唆されていました。

２つ目は，エイブリーらによる実験です。エイブリーらはＳ型菌をすりつぶしたあと（　い　）を分解する酵素を加えると（あ）が起こらないことを見出しました。

３つ目は，ハーシーとチェイスによるT₂ファージを用いた実験です。T₂ファージは（い）と（　う　）からなるウイルスで，（い）と（う）をそれぞれ放射性同位体で標識したあと，大腸菌に感染させました。その後，培養液を激しく撹拌し，遠心分離すると，（い）の多くは沈殿に，（う）の多くは上澄みにあることがわかりました。これらの実験から，遺伝子の本体はDNAであることがわかったのです。

解説

T₂ファージはDNAとタンパク質の殻から構成されるウイルスです。T₂ファージのDNAは大腸菌に注入され，タンパク質の殻は撹拌した際に大腸菌から振りほどかれます。よって遠心分離すると，沈殿（大腸菌）からはDNAが，上澄みからはタンパク質が検出されます。

（　あ　）**形質転換**　（　い　）**DNA**　（　う　）**タンパク質**　答

確認問題 16 3-9 に対応

下図について，**問1～2**に答えよ。

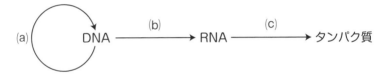

問1 図中の矢印(a)～(c)は何を示すか。次の①～⑤から選び，記号で答えよ。
① 置換　② 複製　③ 翻訳　④ 付加　⑤ 転写

問2 上図のように，遺伝情報がDNA→タンパク質へと一方向に流れるという考え方を何というか答えよ。

 解説

問1 (a)② (b)⑤ (c)③　答

問2 セントラルドグマ　答

確認問題　17　3-10 に対応

次の文章中の（　あ　）～（　う　）に適切な用語または語句を入れよ。また，**問1**～**2**にも答えよ。

　同一個体の細胞は，原則的にすべて同じ遺伝情報をもっています。しかし，成長の段階や組織によって _a合成されるタンパク質は異なります。例えば，キイロショウジョウバエの幼虫の（　あ　）の細胞には，(あ) 染色体と呼ばれる巨大染色体があり，それを観察すると，成長過程に応じて（　い　）と呼ばれるふくらみのできる場所が異なっていることがわかります。

　ヒトの細胞も，もともと1個の細胞である受精卵が（　う　）を繰り返す過程で，特定の形やはたらきをもった細胞に変化していくことがわかっています。

　同一個体の細胞が同じ遺伝情報をもっていることを利用して，_bES 細胞やiPS 細胞を医療に応用しようとする動きが広がっています。

問1　下線部aについて。遺伝情報をもとにタンパク質が作られることを何というか答えよ。

問2　下線部bについて。ES 細胞やiPS 細胞は臓器移植への応用が期待されているが，問題もある。それについて，次の文章中の（　ア　）～（　ウ　）に入る適切な用語または語句を答えよ。

　ES 細胞は（　ア　）から発生した胚をもとに作られるため，ヒトの場合は倫理的な問題がある。また，他人由来の (ア) を用いた場合，（　イ　）反応も起こる。
　一方，iPS 細胞は自分自身の（　ウ　）した細胞を用いるため，上記のような問題が解消できると期待されている。

 解説

（　あ　）<u>だ腺</u>　（　い　）<u>パフ</u>　（　う　）**体細胞分裂**　答

問1 発現 答
問2 （ ア ）受精卵 （ イ ）拒絶 （ ウ ）分化 答

確認問題 **18** **3-11** に対応

DNAの複製様式は半保存的複製である。半保存的複製の特徴がわかるように，以下の空欄に図をかけ。

親世代　　　　第１世代　　　　第２世代

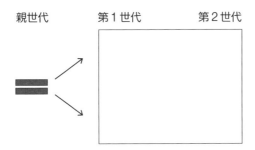

解説

（例）

親世代　　　　第１世代　　　　第２世代

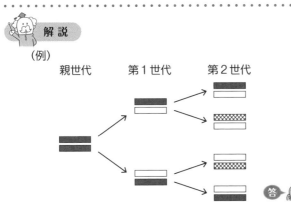

答

DNAは，同じものを正確に作るため，２本のヌクレオチド鎖のうち１本を鋳型として，もう片方のヌクレオチド鎖を作ります。これを**半保存的複製**と呼びます。**元のヌクレオチド鎖は残したまま，新しいヌクレオチド鎖を作っていきます。**

確認問題 19　3-12，3-13，3-14 に対応

次の文章を読み，**問1**，**2**に答えよ。

体細胞には間期と分裂期があり，これが周期的に繰り返されています。 a間期はさらに３つの時期，b分裂期はさらに４つの時期に分けることができます。

問1 下線部aについて。次の①～④にあてはまる時期の名称をそれぞれアルファベットと数字の略称で答えよ。
① DNA合成期と呼ばれる時期。
② 細胞分裂が終了した直後に開始する時期。
③ DNA合成準備期に比べ，核１個あたりのDNA量が常に２倍となっている時期。
④ 分裂期に入る直前の時期。

問2 下線部bについて。次の①～⑥にあてはまる時期の名称をそれぞれ答えよ。
① 染色体が赤道面に並び，最も観察しやすい時期。
② 細胞質分裂が行われる時期。
③ 染色体が糸状から太く短くなる時期。
④ 染色体が両極に移動する時期。
⑤ 紡錘体を形成する時期。
⑥ 核膜が消失する時期。

. . . .

 解 説

問1 ①**S期**　②**G_1期**　③**G_2期**　④**G_2期**　**答**

問2 ①**中期**　②**終期**　③**前期**　④**後期**　⑤**中期**　⑥**前期**　**答**

環境変化への対応

Chapter 4

確認問題 20 4-1，4-2，4-3 に対応

次の文章中の（ あ ）〜（ え ）に入る適切な用語または語句を答えなさい。

体液は，（ あ ），（ い ），リンパ液に分けられます。（あ）は，液体成分である（ う ）と有形成分である赤血球，白血球，血小板などからなります。(い)は(う)が血管外にしみ出したもので，細胞に栄養分を受け渡し，老廃物を受け取ります。

ヒトには，体内環境を一定に保つはたらきが備わっており，それを（ え ）といいます。

解説

（ あ ）**血液** （ い ）**組織液** （ う ）**血しょう**
（ え ）**恒常性（ホメオスタシス）** 答

確認問題 21 4-7 に対応

次の文章中の（ あ ）〜（ か ）に入る適切な用語または語句を答えよ。

血管が損傷すると，損傷部分に（ あ ）が集まってきて，一時的に止血する。続いて，(あ)から凝固因子が放出され，他の因子と反応し，（ い ）と呼ばれる繊維状のタンパク質が形成される。網状になった(い)に血小板や赤血球が絡み，（ う ）というカタマリになる。こうして出来た(う)が傷口をふさぎ，出血が完全に止まる。この一連の過程を（ え ）という。血管が修復される頃になると，(い)を分解する酵素のはたらきで(う)が溶解される。これを（ お ）と呼ぶ。

採血した血液を放置した場合にも，（え）は見られる。採血した血液を静か
に置いておくと，沈殿物である（う）と上澄みに分かれる。この上澄みを
（か）と呼ぶ。

解説

（あ）**血小板**　（い）**フィブリン**　（う）**血ぺい**
（え）**血液凝固**　（お）**線溶（フィブリン溶解）**　（か）**血清**　答

確認問題 22　4-12，4-13，4-14 に対応

次の文章中の（あ）～（う）に入る適切な用語または語句を答えよ。また，
問1～3に答えよ。

ヒトの神経系は，脳・脊髄からなる（あ）神経系と，その周辺部の（い）
神経系に分けられます。（い）神経系はさらに，感覚器官と運動器官を支配
する（う）神経系と内臓や分泌腺を支配する自律神経系に分けられます。

自律神経系は(i)基本的に1つの器官に対して2つの神経（交感神経，副交感
神経）が接続しており，(ii)互いに反対の作用を及ぼします。

(iii)交感神経は一般的に運動時や緊張時，興奮時に優位にはたらく神経です。
一方，副交感神経は一般的に休息時やリラックスしているときに優位には
たらく神経です。

問1 下線部(i)について。瞳孔・立毛筋・気管支・ぼうこうの中で，交感神経は
接続しているが，副交感神経が接続していない器官を1つ選べ。

問2 下線部(ii)について。このような作用を何というか答えよ。

問3 下線部(iii)について。次の器官において交感神経はどのようにはたらくか。
それぞれ選び，記号で答えよ。

（1）心臓の拍動：　　a．促進　　　b．抑制

(2) 消化管の運動： 　a. 促進 　　　b. 抑制

(3) 皮膚の血管： 　a. 拡張 　　　b. 収縮

(4) 汗腺からの発汗： 　a. 促進 　　　b. 抑制

(5) 呼吸運動： 　a. 浅く・速く 　b. 深く・遅く

(6) 瞳孔： 　a. 拡大 　　　b. 縮小

(7) 立毛筋： 　a. 拡張 　　　b. 収縮

(8) 気管支： 　a. 拡張 　　　b. 収縮

(9) ぼうこう： 　a. 排尿促進 　b. 排尿抑制

 解 説

（ あ ）**中枢** （ い ）**末梢** （ う ）**体性**

問1 副交感神経が接続していない器官には，皮膚の血管・汗腺・立毛筋があり
ましたね。

立毛筋

問2 **拮抗的な作用（拮抗作用）**

問3 (1) <u>a</u>　(2) <u>b</u>　(3) <u>b</u>　(4) <u>a</u>　(5) <u>a</u>
(6) <u>a</u>　(7) <u>b</u>　(8) <u>a</u>　(9) <u>b</u>

確認問題 **23**　**4-16，4-17，4-18，4-21 に対応**

次の文章中の（　あ　）に入る適切な用語または語句を答えよ。また，下の**問1**〜**3**に答えよ。

　　腺は分泌作用のある細胞からなる組織で，ₐ外分泌腺と内分泌腺があります。内分泌腺から分泌されるホルモンは♭特定の器官に作用します。この器官には特定のホルモンを受け取る細胞があり，その細胞には特定のホルモンと結合する（　あ　）があります。

問1　下線部aについて。次の（1）〜（5）の腺は外分泌腺「A」，内分泌腺「B」のどちらか。記号で答えよ。
　　（1）副腎　　　（2）だ腺　　　（3）脳下垂体　　　（4）甲状腺　　　（5）汗腺

問2　下線部bについて。このような器官を何というか答えよ。

問3　ホルモンの分泌調節のしくみに関する次の図の（1）〜（4）に適切な語を答えよ。

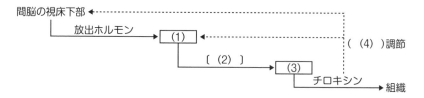

- -

 解　説

（　あ　）**受容体（レセプター）**　答

問1　外分泌腺は体外に分泌物を分泌する腺で，汗腺・だ腺などがあります。一方，内分泌腺は体液中に直接分泌物を分泌する腺で，間脳の視床下部・脳下垂体・副腎・甲状腺・すい臓などがあります。
　　（1）**B**　（2）**A**　（3）**B**　（4）**B**　（5）**A**　答

問2　**標的器官**　答

27

問3 (1) **脳下垂体前葉**　(2) **甲状腺刺激ホルモン**　(3) **甲状腺**
　　(4) **負のフィードバック**　答

確認問題 24 4-22，4-23，4-24 に対応

〔1〕次の文章を読み，**問1〜3**に答えよ。

下の図は，血糖濃度の恒常性維持のための調節機構を示している。

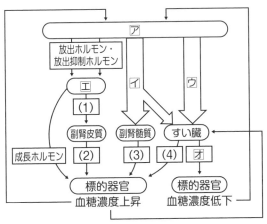

矢印は作用の方向を示す

恒常性維持調節の中枢である間脳の（　ア　）は（　イ　）と（　ウ　）を介した調節を行うと同時に，放出ホルモンや放出抑制ホルモン分泌を調節する。（　エ　）から分泌されるホルモンや（イ）と（ウ）は，副腎やすい臓などの内分泌器官からのホルモン分泌を調節する。これらの内分泌器官から分泌されたホルモンは，血液循環によって標的器官である肝臓や筋肉に作用する。

血糖濃度の上昇機構には肝臓における（　A　）によるグルコースの生成，細胞におけるグルコースの取り込みの低下などがある。

血糖濃度の上昇や低下は（ア）にフィードバックされる。

また，すい臓は（イ）と（ウ）による調節だけでなく，血糖濃度の上昇を直接感じて血糖濃度の低下作用をもつ（　オ　）の分泌を増加させる。

問1 文章中の（　ア　）〜（　オ　）は，図中の⑦〜⑦に対応している。あてはまる適切な語句を答えよ。

問2 文章中の（　A　）に，あてはまる適切な語句を9字で答えよ。

問3 図中のホルモン(1)〜(4)をそれぞれ答えよ。

（大阪府立大・改）

〔2〕 次の文章を読み，**問1**，**2**に答えよ。

　　ヒトの体温調節を考えてみよう。体温は，脳にある<u>体温調節中枢</u>を介して自律神経系とホルモンによってほぼ一定に保たれている。環境温度が下がると，皮膚の温度受容器が刺激され，その情報は（　ア　）神経によって脊髄に入り，脳へ伝わる。また，体温調節中枢を低温の血液が流れると，体温調節中枢は（　イ　）神経の活動を高めることによって皮膚の血管を（　ウ　）させるとともに，立毛筋を（　エ　）させて熱の放散を抑制する。さらに，自律神経系以外のしくみも体温調節に関与し，骨格筋に律動的な不随意収縮（ふるえ）を起こし，発熱を促し体温維持をはかる。
　　また，副腎の髄質と皮質ならびに甲状腺からは，ホルモン分泌が高まり体温を維持する。これとは逆に，環境温度が上がると皮膚血管が（　オ　）し，体温の上昇を抑える。さらに，汗腺に分布する（　カ　）神経によって発汗が促進され，汗の蒸発作用により体温は下がる。

問1 上の文章中の（　ア　）〜（　カ　）にあてはまる適切な語句を答えよ。

問2 下線部について。体温調節中枢がある脳の部域の名称を答えよ。

（岡山大・改）

〔3〕 体液中の水分量が少ないとき，体内ではどのような調節が行われるか。次の語句をすべて使い，100字程度で答えよ。
　　（語句：塩類濃度　間脳の視床下部　脳下垂体後葉　バソプレシン
　　　　　　標的器官　再吸収）

・・

 解 説

〔1〕 問1　（　ア　）<u>**視床下部**</u>　（　イ　）<u>**交感神経**</u>　（　ウ　）<u>**副交感神経**</u>
　　　　　　（　エ　）<u>**脳下垂体前葉**</u>　（　オ　）<u>**インスリン**</u>　**答**

問2　グリコーゲンの分解　答

問3　(1)**副腎皮質刺激ホルモン**　(2)**糖質コルチコイド**　(3)**アドレナリン**
(4)**グルカゴン**　答

〔2〕問1　（　ア　）**感覚**　（　イ　）**交感**　（　ウ　）**収縮**　（　エ　）**収縮**
（　オ　）**拡張**　（　カ　）**交感**　答

問2　**(間脳の)視床下部**　答

〔3〕**体液の塩類濃度が高まると，それを間脳の視床下部が感知し神経分泌細胞が
バソプレシンを合成する。バソプレシンは，脳下垂体後葉の血管に分泌され，
標的器官である腎臓が受け取って水分の再吸収を促進する。(96字)**　答

確認問題 25 4-27，4-28 に対応

次の文章中の（　あ　）～（　き　）に入る適切な用語または語句を答えよ。

　糖尿病は，血糖濃度を（　あ　）調節をする（　い　）の作用不足によって引
き起こされる。その原因によって主に2種類に分類される。
　（　う　）糖尿病は，インスリンの分泌をおこなっている，すい臓の（　え　）
が，自己免疫によって誤って攻撃されることで起こることがほとんどであ
る。1日に数回，インスリンの（　お　）が必要になることが多い。
　（　か　）糖尿病は，（　き　）病の代表とも言える疾患である。肥満・過食・
運動不足によってインスリンが効きにくくなったり，分泌量が低下するこ
とで発症する。食事や運動などの(き)の見直しが有効の場合が多い。

　解説

（　あ　）**下げる**　（　い　）**インスリン**　（　う　）**Ⅰ型**
（　え　）**ランゲルハンス島B細胞**　（　お　）**自己注射**　（　か　）**Ⅱ型**
（　き　）**生活習慣**　答

確認問題 26 4-29 に対応

ヒトの脳について述べた文として誤っているものを，次の①〜⑤から1つ選べ。

① ヒトの脳は，大脳・間脳・中脳・小脳・延髄などからなり，中脳・延髄は，脳幹に含まれる。
② 間脳の神経分泌細胞のうち，脳下垂体前葉に突起を伸ばすものは，血管内に直接バソプレシンを放出する。
③ 中脳には，姿勢保持や眼球運動，瞳孔反射などの中枢がある。
④ 小脳には，筋肉運動の調節やからだの平衡を保つ中枢がある。
⑤ 延髄は，生命維持に不可欠な呼吸や心拍の調節にはたらく中枢である。

（岩手医科大学・改）

解説

脳下垂体後葉に突起を伸ばすものが，血管内に直接バソプレシンを放出する。
よって，② 答

確認問題 27 4-32，4-33，4-34，4-35，4-36 に対応

次の文章中の（ あ ）〜（ う ）に入る適切な用語または語句を答えよ。また，**問1〜3**に答えよ。

　ヒトには病原体などの異物から生体を守ろうとするしくみが備わっており，その仕組みを免疫といいます。
　免疫は，大きく2つのタイプに分けられます。ひとつは，（ あ ）免疫で，これは ₐ物理的・化学的防御と，マクロファージなどの食細胞による（ い ）からなります。もうひとつは，（ う ）免疫といいます。これは異物の種類に応じた特異的な反応により，体を守ります。

問1 下線部aについて。物理的防御の1つに皮膚の角質層の存在が挙げられる。なぜ角質層は物理的防御に寄与しているかを，次の語彙を用いて説明せよ。

31

（語彙：死細胞　隙間　ウイルス）

問2 下線部aについて。以下のそれぞれの器官における化学的防御を説明せよ。
　　　(1) 眼　　(2) 胃

問3 抗体を作って抗原を無毒化するような反応を何というか答えよ。

 解　説

（　あ　）**自然**　（　い　）**食作用**　（　う　）**獲得**　答

問1 **ウイルスは生きた細胞にしか感染できないが，角質層は死細胞が隙間なく重なってできているため，ウイルスが体内に侵入するのが困難だから。**
答

問2 (1) **涙に含まれる酵素が病原菌を死滅させる。**
　　　(2) **強酸性の胃酸が病原菌を死滅させる。** 答

問3 **抗原抗体反応** 答

確認問題 28 4-37 に対応

自己免疫疾患に関する次の問いに答えよ。

問1 通常，自己の成分に対する免疫反応は抑制されている。これを何というか？

問2 自己免疫疾患に属さないものを，以下から2つ選べ。

①アナフィラキシー　②AIDS　③1型糖尿病　④関節リウマチ
⑤重症筋無力症

 解　説

問1 **免疫寛容** 答

問2 **いずれも，免疫が正常にはたらかないことで生じる病気であるが，アナフィラキシーは病原体以外の抗原に敏感に反応することにより，AIDSはHIV（ヒ**

ト免疫不全ウイルス）に感染して免疫機能がはたらかなくなることにより発症する。よって，①，② 答 😊

確認問題 29　4-38，4-39，4-40 に対応

次の文章中の（　あ　）〜（　き　）に入る適切な用語または語句を答えよ。また，**問1〜5**に答えよ。

樹状細胞やマクロファージは，細菌やウイルスの一部を細胞表面に提示します。すると，この情報を得た（　あ　）細胞が，B細胞や（　い　）細胞を活性化します。その際，B細胞や（い）細胞の一部が a（　う　）細胞となって残ります。このような現象を（　え　）といいます。

2回目の免疫反応を（　お　）といい，1回目と比べて抗体の産生が短期間で大量に行われるという特徴があります。

免疫機能が低下すると，感染症にかかりやすくなります。そのような状態を（　か　）といい，エイズは（か）を引き起こします。エイズの発症メカニズムは，まず（　き　）と呼ばれるウイルスが（あ）細胞に感染し，（あ）細胞を破壊します。これによって体液性免疫と細胞性免疫の両方が機能しなくなり， b健康なヒトなら普通はかからないようなさまざまな感染症にかかってしまいます。

一方， c免疫の過剰反応が体に不利益を起こすこともあります。例えば，花粉症は抗体がマスト細胞に付着した際にヒスタミンという物質を放出し，粘膜や神経を刺激することが原因です。他にも， dハチに2度目に刺された際に失神や呼吸困難などになるのも，免疫の過剰反応が体に不利益を起こすものの一種です。

問1 下線部aについて。この細胞を利用した，無毒化・弱毒化した病原体などを抗原として接種する感染症の予防法を何というか答えよ。

問2 ヘビ毒や破傷風などを，免疫を利用して治療する方法を何というか答えよ。

問3 下線部bについて。このような感染を何というか答えよ。

問4 下線部cについて。このような反応を何というか答えよ。

問5 下線部dについて。このような反応のうち，生命にかかわる重篤な症状を伴うものを何というか答えよ。

・・・

 解 説

（ あ ）**ヘルパーT** （ い ）**キラーT** （ う ）**記憶**
（ え ）**免疫記憶** （ お ）**二次応答** （ か ）**免疫不全**
（ き ）**HIV** 答

問1 **予防接種** **問2** **血清療法** **問3** **日和見感染** **問4** **アレルギー**
問5 **アナフィラキシーショック** 答

5　生物の多様性と生態系

確認問題 30　5-1 に対応

次の文章中の（　あ　），（　い　）に入る適切な用語または語句を答えよ。また，下の**問い**に答えよ。

> ある地域に生育している植物全体のことを（　あ　）といいます。
> （あ）の外見上の様子を（　い　）といい，<u>その空間を占有している面積が多い植物</u>に左右されます。また（あ）は，気候的な要因に大きく影響を受けます。

問い 下線部について。このような植物を何というか答えよ。

（熊本大・改）

· ·

 解説

（　あ　）**植生**　（　い　）**相観**　答

問い 優占種　答

確認問題 31　5-2，5-3 に対応

次の文章中の（　あ　）～（　お　）に入る適切な用語または語句を答えよ。また，**問い**に答えよ。

> 森林の内部には，植物の高さによって層状となっている構造が見られます。この構造を（　あ　）といいます。植物の高さが高いところから順に高木層，（　い　）層，低木層，（　う　）層となっています。また，森林の上部の葉が密になっている部分を（　え　）といい，地表に近い部分を（　お　）といいます。（お）に近づくにつれて降り注ぐ光が減り，あまり光が届かなくなり，

植物の生育に大きな影響を与えます。

問い 下線部について。下の図は，A，Bの2種類の植物の葉にいろいろな強さの光を当て，光合成速度をCO_2の吸収量で調べた結果である。これについて，**(1)** 〜 **(4)** に答えよ。

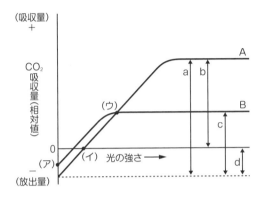

(1) A，Bは片方が陽樹の葉，片方が陰樹の葉である。陰樹の葉はA，Bのどちらと考えられるか，記号で答えよ。

(2) Aの呼吸速度を表しているのは図中のa〜dのどれか，記号で答えよ。

(3) Aの光合成速度を表しているのは図中のa〜dのどれか，記号で答えよ。

(4) Aの光補償点を表しているのは図中の (ア) 〜 (ウ) のどれか，記号で答えよ。

....

 解説

（ あ ）**階層構造** （ い ）**亜高木** （ う ）**草本** （ え ）**林冠**
（ お ）**林床** 答

問い (1) 陰樹は陽樹に比べて光補償点が低い。よって **B** 答

(2) 呼吸速度は光の強さが0のときのCO_2吸収量です。
よって **d** 答

(3) 見かけの光合成速度を表しているのがbです。
光合成速度は「呼吸速度（d）」＋「見かけの光合成速度（b）」なので，
答えは **a** 答

(4) 光補償点とは，見かけの光合成速度が0となるときの光の強さです。
よって **(イ)** 答

確認問題 32　5-4，5-5，5-6，5-7 に対応

次の文章中の（　あ　）〜（　お　）に入る適切な用語または語句を答えよ。
（　ア　）〜（　カ　）には適切な語彙を【語群】から選べ。また，下の**問1**〜**3**
に答えよ。

　　ある地域における植生が，時間とともに移り変わることを遷移といいます。
　　火山の噴火などで生じた裸地の状態から始まる遷移を一次遷移といいます。
　　はじめは土壌がほとんどなく栄養塩類も少ないですが，そのような厳しい
　　環境でも生育できる（　ア　）などの草本類が_a最初に侵入してきます。
　　裸地の状況によっては，（　イ　）や（　ウ　）が最初に侵入することもあり
　　ます。

　　こうして土壌が発達すると他の多くの草本類も侵入し，さらに（　エ　）や
　　コナラなどの（　あ　）が（あ）林を形成します。その後，混合林となり，最
　　終的に（　い　）林となって，_b構成する種や相観に大きな変化が見られな
　　くなります。
　　しかし，台風などで一部の高木が倒れ，植生が部分的に破壊されることも
　　あります。こうしてできた部分を（　う　）といいます。
　　また，山火事や森林伐採の跡地などから始まる遷移を（　え　）といい，一
　　次遷移と比べて_c短時間で新たな植生が形成されます。
　　湖沼などから始まる一次遷移を（　お　）といいます。生物の遺体や土砂が
　　たい積したあと（　オ　）などが生え，ある程度浅くなると（　カ　）が生え
　　てきます。その後，湿原を経て草本類が生育してくると，乾性遷移と同じ
　　過程をたどります。

【語群】
浮葉植物　　地衣類　　ブナ　　タブノキ　　ススキ　　コケ類
アカマツ　　沈水植物

問1　下線部aについて。このような植物を何というか答えよ。

問2　下線部bについて。このような状態を何というか答えよ。

問3　下線部cについて。その理由を30字以内で答えよ。

解 説

（　あ　）**陽樹**　（　い　）**陰樹**　（　う　）**ギャップ**　（　え　）**二次遷移**
（　お　）**湿性遷移**
（　ア　）**ススキ**　（　イ　）・（　ウ　）**地衣類・コケ類**（順不同）
（　エ　）**アカマツ**　（　オ　）**沈水植物**　（　カ　）**浮葉植物**　答

問1 先駆植物（パイオニア植物）　答

問2 極相（クライマックス）　答

問3 すでに土壌があり，水分や栄養塩類，種子や根が残っているため。（30字）

答

確認問題 33 5-8，5-9，5-10，5-11 に対応

次の文章中の（　あ　）～（　す　）に入る適切な用語または語句を答え，（　せ　）は適切な用語を選びなさい。また，以下の**問1～4**に答えよ。

その地域に生息する植物・動物・微生物などをまとめてバイオームといい，（　あ　）によって区別されます。バイオームは（　い　）と（　う　）によって決まります。
森林のバイオームは (い) が多く，(う) が－5℃以上の地域で形成されます。一方，(い) が1000 mm以下の地域では草原のバイオームが形成され，(い) が極端に少なかったり (う) が極端に低かったりする地域には（　え　）のバイオームが見られます。

日本列島の (い) は植物の生育に十分であるため，バイオームの分布は (う) による影響を大きく受けます。<u>日本のバイオーム</u>は南から北にかけて（　お　）→（　か　）→（　き　）→（　く　）となっています。このような緯度に沿ったバイオームの分布を（　け　）といいます。
一方，標高の違いによる分布を（　こ　）といい，ある標高以上になると森

林が形成できなくなります。このような標高を（　さ　）といい，その境界は
（　し　）帯と（　す　）帯の間にあります。（さ）は南から北に向かうほど
（せ：高く・低く）なります。

問1 次の図は（い）と（う）をもとに分類した世界のバイオームを示したものである。

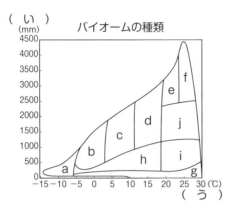

次の **(1)** ～ **(5)** の記述は，バイオームの特性を述べたものである。それぞれが図中のどのバイオームに属するのか，a～jの記号で答え，さらに，そのバイオームの名称を記せ。
(1) 樹木の葉は厚くて光沢のあるクチクラ層が発達している。
(2) 世界の主要なコムギ生産地が分布している。
(3) 雨季と乾季が交互にある東南アジアに発達している。
(4) 北アメリカ北部，アジア北部，ヨーロッパ北部の寒帯に発達し，地衣類，コケ類が見られる。
(5) 樹高の高い常緑地帯で，階層構造が発達し，つる植物，着生植物も多いが，種あたりの個体数は少ない。

問2 次の①～④の植物は図中のどのバイオームを代表するものか，それぞれa～jの記号で答え，さらに，そのバイオームの名称を記せ。

①　トドマツ，エゾマツ　　②　タブノキ，クスノキ
③　ブナ，ミズナラ　　④　チーク

（名城大・改）

問3 下線部について。（お）～（く）の森林で優占する高木を以下からそれぞれ1

つずつ選べ。

フタバガキ，エゾマツ，サボテン，ブナ，コルクガシ，スダジイ，コケモモ，
ガジュマル

問4 次の図について。②の群系に属する木として適切なものを2つ選べ。

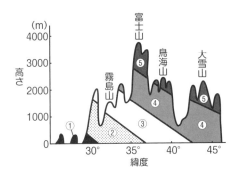

（ア）　ミズナラ　（イ）　エゾマツ　（ウ）　シラカバ　（エ）　ブナ
（オ）　クスノキ　（カ）　スダジイ

- -

 解説

（　あ　）植生　（　い　）**年降水量**　（　う　）**年平均気温**　（　え　）**荒原**
（　お　）**亜熱帯多雨林**　（　か　）**照葉樹林**　（　き　）**夏緑樹林**
（　く　）**針葉樹林**　（　け　）**水平分布**　（　こ　）**垂直分布**
（　さ　）**森林限界**　（　し　）・（　す　）**亜高山，高山**（順不同）
（　せ　）**低く**　答

問1 年平均気温と年降水量の関係を表した図は下図のようになっています。

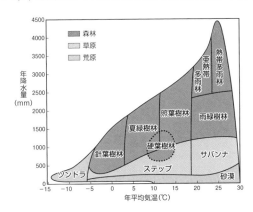

(1) d，照葉樹林　**(2)** h，ステップ　**(3)** j，雨緑樹林　**(4)** a，ツンドラ
(5) f，熱帯多雨林　答

問2 ① b，針葉樹林　② d，照葉樹林　③ c，夏緑樹林　④ j，雨緑樹林　答

問3（お）**ガジュマル**　（か）**スダジイ**　（き）**ブナ**　（く）**エゾマツ**　答

問4 日本のバイオームは，南から北に向かうにしたがって「亜熱帯多雨林→照葉樹林→夏緑樹林→針葉樹林」となることを頭に入れておきましょう。あとは，バイオームに対して標高，帯，植生をリンクさせておくと覚えやすいはずです。②は照葉樹林ですので，答えは**（オ），（カ）**　答

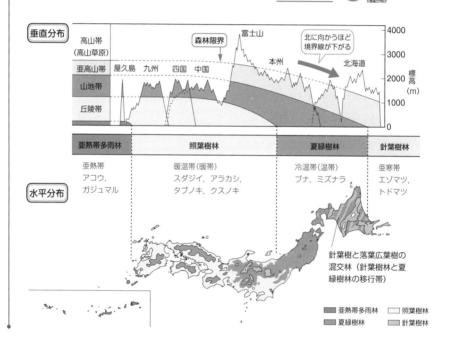

確認問題 34 5-12，5-13，5-14，5-15，5-16 に対応

次の文章中の（　あ　）～（　か　）に入る適切な用語または語句を答えよ。

　ある地域に生息するすべての生物と非生物的環境をまとめたものを生態系といいます。

　生物と非生物的環境は互いに影響を及ぼし合います。環境が生物に影響を及ぼすことを作用といい，生物が環境に影響を及ぼすことを（　あ　）といいます。

　生態系内の生物は，その役割から a 生産者，消費者に分けられ，消費者の中には b 分解者がいます。

　消費者には，植物を食べる（　い　）消費者と，それを食べる（　う　）消費者がおり，さらに高次な消費者もいます。このように被食者と捕食者が一連の鎖のようにつながっていることを食物連鎖といい，一般に複雑に入り組んだ構造になっています。これを（　え　）といいます。

　（え）を構成する生物の，食物連鎖の各段階を（　お　）といい，その個体数や生物量を順に積み重ねたものを（　か　）といいます。

問1 下線部 a について。水界における生産者は，光補償点以上の光が届く限界の水深までしか生息できない。この水深を何と呼ぶか答えよ。

問2 下線部 b について。生態系における分解者の役割を30字以内で答えよ。

- -

 解 説

（　あ　）**環境形成作用**　（　い　）**一次**　（　う　）**二次**　（　え　）**食物網**
（　お　）**栄養段階**　（　か　）**生態ピラミッド**　

問1 **補償深度**　

問2 **生産者や消費者の遺骸や排泄物を分解し，無機物にする。（26字）**

確認問題 35 5-17 に対応

次の文章中の（　あ　）～（　う　）に入る適切な用語または語句を答えよ。
また，下の問いにも答えよ。

　多くの種間では，食う・食われるの関係が一連につながった（　あ　）を形
成し，生物群集全体として見ると，これが直線的なつながりではなく，複
雑にからみあってつながった（　い　）を形成する。そのため，人間活動な
どの影響を受け，特定の種が生態系から消失すると，生態系のバランスが
大きく変化し，もとの生態系を維持できなくなることがある。たとえば，
アラスカ沿岸域ではラッコがウニを捕食することにより，ウニの大発生が
抑えられてコンブが豊かに生育し，これらを食物や，すみ場所，産卵場所
として利用する魚類や甲殻類などが多様になる。ラッコとコンブのように
直接の食う・食われるの関係のない生物の間に見られる影響は（　う　）効
果と呼ばれる。しかし，乱獲によりラッコが生態系から消失すると，コン
ブの森がなくなり，多くの魚類や甲殻類などが見られなくなってしまった。
このラッコのように，生態系のバランスを保つうえで重要なはたらきをす
る種はキーストーン種と呼ばれる。

　しかし，ある生態系でキーストーン種となる種が，必ずしも他の生態系で
キーストーン種となるわけではない。たとえば，北米の潮間帯に生息する
ヒトデの1種は，X湾ではイガイやフジツボを捕食することにより，多様な
固着生物の共存を可能にしているキーストーン種であることが知られる。
一方Y湾では，このヒトデは潮間帯の生物群集のバランスを保つのに大き
な役割を果たしていないことが示されている。実際，X湾からヒトデを人
為的に除去したところ，ヒトデ除去前に15種いた固着生物が一定期間後に
は8種に減少したのに対し，同様にY湾からヒトデを除去しても，ヒトデ
の除去前後で固着生物の種数に変化が見られなかった。なお，X湾とY湾
では環境条件とヒトデの密度に違いは見られなかったが，上位捕食者の種
数が異なった。上位捕食者は，X湾ではこのヒトデ1種のみ，Y湾ではこの
ヒトデを含む5種が確認された。

問い 下線部に関して，なぜY湾では固着生物の種数に変化が見られなかったと
　　　考えられるか。簡単に説明しなさい。

（金沢大学・改）

解説

（　あ　）**食物連鎖**　（　い　）**食物網**　（　う　）**間接**　答

問い Y湾では，ヒトデと同じような役割を果たしている生物が他にもいたため，ヒトデを除去しても，それらがヒトデの代わりを果たしたから。　答

確認問題 **36** 5-18 に対応

生態系のバランスに関する次の文章中の（　あ　）～（　き　）に入る適切な用語または語句を答えよ。

・もともとその地域に生息していた生物を（　あ　）というのに対し，人間によってもち込まれ，定住した生物を（　い　）という。(い) の中でも，移入先の生態系に大きな影響を与えてしまうものを（　う　）といい，生態系のバランスが崩れる要因となっている。

・特定の生物を人為的に大量に捕獲することを（　え　）といい，絶滅危惧種がうまれる要因の１つとなっている。

・栄養塩類の過多によって引き起こされる水質汚染を（　お　）という。（　か　）やアオコなどは (お) によって起きる。

・人里の近くにある，人為的に管理された田んぼや雑木林などを（　き　）という。農村地から人が減少すると (き) が放置され，それまで築かれていた生態系に影響が出ることがある。

 解説

（　あ　）**在来種**　（　い　）**外来生物(外来種)**　（　う　）**特定外来生物**
（　え　）**乱獲**　（　お　）**富栄養化**　（　か　）**赤潮**　（　き　）**里山**　答

確認問題 **37** 5-19 に対応

次の①〜⑤のうち，生物多様性に関する説明として適切でないものを1つ選び，番号で答えよ。

① 生物多様性は，生態系の多様性，種の多様性，遺伝的多様性から成り立つ。
② 外来生物により乱された生態系を再生するには，主要因となった特定の外来生物のみを駆除すればよい。
③ 生育地の減少や継続的な乱獲は，現在の個体数がたとえ多くても，絶滅を招く可能性がある。
④ 深海から高山まで，さまざまな生態系にさまざまな生物が生息しており，中には医薬品の開発や農作物の品種改良などに有望な生物もいる。
⑤ 新たな環境への適応には，同一種内に遺伝的に異なるさまざまな個体が存在することが重要である。

 解説

②外来生物は人間活動によって移入してきた生物ですので，特定の外来生物のみを駆除するのではなく，人間活動を含め見直す必要があります。

よって　② 答